SOLIDWORKS® 公司原版系列培训教程
CSWP 全球专业认证考试培训教程

2017版

SOLIDWORKS®
Simulation Premium 教程

[美] DS SOLIDWORKS®公司 著

陈超祥 胡其登 主编

杭州新迪数字工程系统有限公司 编译

机械工业出版社
CHINA MACHINE PRESS

《SOLIDWORKS® Simulation Premium 教程》（2017 版）是根据 DS SOLIDWORKS®公司发布的《SOLIDWORKS® 2017：SOLIDWORKS Simulation Premium—Dynamics》《SOLIDWORKS® 2017：SOLIDWORKS Simulation Premium——Nonlinear》《SOLIDWORKS® 2017：SOLIDWORKS Simulation Premium——Composites》编译而成的，是使用 Simulation Premium 软件对 SOLIDWORKS 模型进行有限元分析的高级培训教程。本书提供了动态分析和非线性分析的有限元求解方法，是机械工程师有效掌握 Simulation Premium 应用技术的进阶资料。本书在介绍软件使用方法的同时，对相关理论知识也进行了讲解。本书配有实例素材及练习文件，方便读者学习使用，详见"本书使用说明"。

　　本书在保留了英文原版教程精华和风格的基础上，按照中国读者的阅读习惯进行编译，配套教学资料齐全，适合企业工程设计人员和高等院校、职业技术学校相关专业师生使用。

图书在版编目（CIP）数据

SOLIDWORKS® Simulation Premium 教程：2017 版/
[美] DS SOLIDWORKS®公司著；陈超祥，胡其登主编.
—3 版. —北京：机械工业出版社，2017.7
SOLIDWORKS®公司原版系列培训教程　CSWP 全球
专业认证考试培训教程
　ISBN 978 - 7 - 111 - 57313 - 5

　Ⅰ.①S…　Ⅱ.①美…②陈…③胡…　Ⅲ.①机械设
计 - 计算机辅助设计 - 应用软件 - 教材　Ⅳ.①TH122

中国版本图书馆 CIP 数据核字（2017）第 144691 号

机械工业出版社（北京市百万庄大街 22 号　邮政编码 100037）
策划编辑：宋亚东　责任编辑：宋亚东
封面设计：路恩中　责任校对：李锦莉　任秀丽
责任印制：常天培
北京京丰印刷厂印刷
2017 年 7 月第 3 版·第 1 次印刷
210mm×285mm·15.5 印张·447 千字
0 001—3 000 册
标准书号：ISBN 978 - 7 - 111 - 57313 - 5
定价：59.80 元

序

尊敬的中国 SOLIDWORKS 用户：

DS SOLIDWORKS®公司很高兴为您提供这套最新的 DS SOLIDWORKS®公司中文原版系列培训教程。我们对中国市场有着长期的承诺，自从 1996 年以来，我们就一直保持与北美地区同步发布 SOLIDWORKS 3D 设计软件的每一个中文版本。

我们感觉到 DS SOLIDWORKS®公司与中国用户之间有着一种特殊的关系，因此也有着一份特殊的责任。这种关系是基于我们共同的价值观——创造性、创新性、卓越的技术，以及世界级的竞争能力。这些价值观一部分是由公司的共同创始人之一李向荣（Tommy Li）所建立的。李向荣是一位华裔工程师，他在定义并实施我们公司的关键性突破技术以及在指导我们的组织开发方面起到了很大的作用。

作为一家软件公司，DS SOLIDWORKS®公司致力于带给用户世界一流水平的 3D 解决方案（包括设计、分析、产品数据管理、文档出版与发布），以帮助设计师和工程师开发出更好的产品。我们很荣幸地看到中国用户的数量在不断增长，大量杰出的工程师每天使用我们的软件来开发高质量、有竞争力的产品。

目前，中国正在经历一个迅猛发展的时期，从制造服务型经济转向创新驱动型经济。为了继续取得成功，中国需要最佳的软件工具。

SOLIDWORKS 2017 是我们最新版本的软件，它在产品设计过程自动化及改进产品质量方面又提高了一步。该版本提供了许多新的功能和更多提高生产率的工具，可帮助机械设计师和工程师开发出更好的产品。

现在，我们提供了这套中文原版培训教程，体现出我们对中国用户长期持续的承诺。这些教程可以有效地帮助您把 SOLIDWORKS 2017 软件在驱动设计创新和工程技术应用方面的强大威力全部释放出来。

我们为 SOLIDWORKS 能够帮助提升中国的产品设计和开发水平而感到自豪。现在您拥有了最好的软件工具以及配套教程，我们期待看到您用这些工具开发出创新的产品。

此致

敬礼！

Gian Paolo Bassi
DS SOLIDWORKS®公司首席执行官
2017 年 1 月

陈超祥　先生　现任 DS SOLIDWORKS® 公司亚太区资深技术总监

陈超祥先生早年毕业于香港理工学院机械工程系，后获英国华威克大学制造信息工程硕士及香港理工大学工业及系统工程博士学位。多年来，陈超祥先生致力于机械设计和 CAD 技术应用的研究，曾发表技术文章 20 余篇，拥有多个国际专业组织的专业资格，是中国机械工程学会机械设计分会委员。陈超祥先生曾参与欧洲航天局"猎犬 2 号"火星探险项目，是取样器 4 位发明者之一，拥有美国发明专利（US Patent 6，837，312）。

前言

DS SOLIDWORKS® 公司是一家专业从事三维机械设计、工程分析、产品数据管理软件研发和销售的国际性公司。SOLID-WORKS 软件以其优异的性能、易用性和创新性，极大地提高了机械设计工程师的设计效率和质量，目前已成为主流 3D CAD 软件市场的标准，在全球拥有超过 325 万的用户。DS SOLIDWORK-S® 公司的宗旨是：To help customers design better products and be more successful（让您的设计更精彩）。

"SOLIDWORKS® 公司原版系列培训教程"是根据 DS SOLID-WORKS® 公司最新发布的 SOLIDWORKS 2017 软件的配套英文版培训教程编译而成的，也是 CSWP 全球专业认证考试培训教程。本套教程是 DS SOLIDWORKS® 公司唯一正式授权在中国境内出版的原版培训教程，也是迄今为止出版的最为完整的 SOLID-WORKS® 公司原版系列培训教程。

本套教程详细介绍了 SOLIDWORKS 2017 软件和 Simulation 软件的功能，以及使用该软件进行三维产品设计、工程分析的方法、思路、技巧和步骤。值得一提的是，SOLIDWORKS 2017 软件不仅在功能上进行了 600 多项改进，更加突出的是它在技术上的巨大进步与创新，从而可以更好地满足工程师的设计需求，带给新老用户更大的实惠！

《SOLIDWORKS® Simulation Premium 教程》（2017 版）是根据 DS SOLIDWORKS® 公司发布的《SOLIDWORKS® 2017：SOLIDWORKS Simulation Premium——Dynamics》《SOLIDWORKS® 2017：SOLID-WORKS Simulation Premium——Nonlinear》《SOLIDWORKS® 2017：SOLIDWORKS Simulation Premium——Composites》编译而成的，是使用 Simulation Premium 软件对 SOLIDWORKS 模型进行有限元

胡其登 先生 现任 DS SOLIDWORKS®公司大中国区技术总监

胡其登先生毕业于北京航空航天大学，先后获得"计算机辅助设计与制造（CAD/CAM）"专业工学学士、工学硕士学位。毕业后一直从事 3D CAD/CAM/PDM/PLM 技术的研究与实践、软件开发、企业技术培训与支持、制造业企业信息化的深化应用与推广等工作，经验丰富，先后发表技术文章 20 余篇。在引进并消化吸收新技术的同时，注重理论与企业实际相结合。在给数以百计的企业进行技术交流、方案推介和顾问咨询等工作的过程中，在如何将 3D 技术成功应用到中国制造业的问题上，形成了自己的独到见解，总结出了推广企业信息化与数字化的最佳实践方法，帮助众多企业从 2D 平滑地过渡到了 3D，并为企业推荐和引进了 PDM/PLM 管理平台。作为系统实施的专家与顾问，在帮助企业成功打造为 3D 数字化企业的实践中，丰富了自身理论与实践的知识体系。

胡其登先生作为中国最早使用 SOLIDWORKS 软件的工程师，酷爱 3D 技术，先后为 SOLIDWORKS 社群培训培养了数以百计的工程师。目前负责 SOLIDWORKS 解决方案在大中国区全渠道的技术培训、支持、实施、服务及推广等全面技术工作。

分析的高级培训教程，提供了动态分析和非线性分析的有限元求解方法，并且在介绍软件使用方法的同时，对相关理论知识也进行了讲解。

本套教程在保留了英文原版教程精华和风格的基础上，按照中国读者的阅读习惯进行编译，使其变得直观、通俗，让初学者易上手，让高手的设计效率和质量更上一层楼！

本套教程由 DS SOLIDWORKS®公司亚太区资深技术总监陈超祥先生和大中国区技术总监胡其登先生共同担任主编，由杭州新迪数字工程系统有限公司副总经理陈志杨负责审校。承担编译、校对和录入工作的有叶伟、张曦、单少南、刘红政、周忠等杭州新迪数字工程系统有限公司的技术人员。杭州新迪数字工程系统有限公司是 DS SOLIDWORKS®公司的密切合作伙伴，拥有一支完整的软件研发队伍和技术支持队伍，长期承担着 SOLIDWORKS 核心软件研发、客户技术支持、培训教程编译等方面的工作。在此，对参与本书编译的工作人员表示诚挚的感谢。

由于时间仓促，书中难免存在不足之处，恳请广大读者批评指正。

陈超祥　胡其登
2017 年 1 月

本书使用说明

关于本书

本书的目的是让读者学习如何使用 SOLIDWORKS 软件的多种高级功能，着重介绍了使用 SOLID-WORKS 软件进行高级设计的技巧和相关技术。

SOLIDWORKS 2017 是一个功能强大的机械设计软件，而书中篇幅有限，不可能覆盖软件的每一个细节和各个方面，所以只重点给读者讲解应用 SOLIDWORKS 2017 进行工作所必需的基本技能和主要概念。本书作为在线帮助系统的一个有益的补充，不可能完全替代软件自带的在线帮助系统。读者在对 SOLIDWORKS 2017 软件的基本使用技能有了较好的了解之后，就能够参考在线帮助系统获得其他常用命令的信息，进而提高应用水平。

前提条件

读者在学习本书前，应该具备如下经验：

- 机械设计经验。
- 使用 Windows 操作系统的经验。
- 已经学习了《SOLIDWORKS® Simulation 基础教程（2016 版）》《SOLIDWORKS® Simulation 高级教程（2016 版）》。
- 掌握有限元分析的基本概念。

编写原则

本书是基于过程或任务的方法而设计的培训教程，并不专注于介绍单项特征和软件功能。本书强调的是完成一项特定任务所应遵循的过程和步骤。通过一个个应用实例来演示这些过程和步骤，读者将学会为了完成一项特定的设计任务应采取的方法，以及所需要的命令、选项和菜单。

知识卡片

除了每章的研究实例和练习外，书中还提供了可供读者参考的"知识卡片"。这些"知识卡片"提供了软件使用工具的简单介绍和操作方法，可供读者随时查阅。

使用方法

本书的目的是希望读者在有 SOLIDWORKS 软件使用经验的教师指导下，在培训课中进行学习。希望通过教师现场演示本书所提供的实例，学生跟着练习的这种交互式的学习方法，使读者掌握软件的功能。

读者可以使用练习题来理解和练习书中讲解的或教师演示的内容。本书设计的练习题代表了典型的设计和建模情况，读者完全能够在课堂上完成。应该注意到，学生的学习进度是不同的，因此，书中所列出的练习题比一般读者能在课堂上完成的要多，这确保了学习能力强的读者也有练习可做。

标准、名词术语及单位

SOLIDWORKS 软件支持多种标准，如中国国家标准（GB）、美国国家标准（ANSI）、国际标准（ISO）、德国国家标准（DIN）和日本国家标准（JIS）。本书中的例子和练习基本上采用了中国国家标准（除个别为体现软件多样性的选项外）。为与软件保持一致，本书中一些名词术语和计量单位未与中国国家标准保持一致，请读者使用时注意。

练习文件

读者可以从网络平台下载本教程的练习文件，具体方法是：扫描封底的"机械工人之家"微信公众号，关注后输入"2017SP"即可获取下载地址。

机械工人之家

Windows® 7

本书所用的截屏图片是 SOLIDWORKS 2017 运行在 Windows® 7 时制作的。

格式约定

本书使用以下的格式约定：

约　定	含　义	约　定	含　义
【插入】/【凸台】	表示 SOLIDWORKS 软件命令和选项。例如【插入】/【凸台】表示从下拉菜单【插入】中选择【凸台】命令	⚠️ 注意	软件使用时应注意的问题
提示 👆	要点提示	操作步骤 步骤 1 步骤 2 步骤 3	表示课程中实例设计过程的各个步骤
技巧 🔑	软件使用技巧		

色彩问题

SOLIDWORKS 2017 英文原版教程是采用彩色印刷的，而我们出版的中文教程采用黑白印刷，所以本书对英文原版教程中出现的颜色信息做了一定的调整，尽可能地方便读者理解书中的内容。

VIII

更多 SOLIDWORKS 培训资源

my. solidworks. com 提供更多的 SOLIDWORKS 内容和服务，用户可以在任何时间、任何地点，使用任何设备查看。用户也可以访问 my. solidworks. com/training，按照自己的计划和节奏来学习，以提高 SOLIDWORKS 技能。

用户组网络

SOLIDWORKS 用户组网络（SWUGN）有很多功能。通过访问 swugn. org，用户可以参加当地的会议，了解 SOLIDWORKS 相关工程技术主题的演讲以及更多的 SOLIDWORKS 产品，或者与其他用户通过网络进行交流。

目　　录

序

前言

本书使用说明

第 1 章　一根弯管的振动 ………………… 1

  1.1　项目描述 ………………………… 1

  1.2　静态分析 ………………………… 1

  1.3　频率分析 ………………………… 3

  1.4　动态分析（缓慢作用力） ……… 4

  1.5　动态分析（快速作用力） ……… 9

第 2 章　基于标准 MILS-STD-810G 的

      瞬态振动分析 ………………… 11

  2.1　项目描述 ………………………… 11

    2.1.1　质量参与因子 …………… 14

    2.1.2　阻尼 ……………………… 17

    2.1.3　粘性阻尼 ………………… 17

    2.1.4　时间步长 ………………… 19

  2.2　带远程质量的模型 …………… 25

第 3 章　支架的谐波分析 …………… 30

  3.1　项目描述 ………………………… 30

    3.1.1　谐波分析基础 …………… 30

    3.1.2　单自由度振荡器 ………… 30

  3.2　一个支架的谐波分析 ………… 31

第 4 章　响应波谱分析 ………………… 38

  4.1　响应波谱分析 …………………… 38

    4.1.1　响应波谱 ………………… 38

    4.1.2　响应波谱分析过程 ……… 39

  4.2　项目描述 ………………………… 39

    4.2.1　响应波谱输入 …………… 41

    4.2.2　模态组合方法 …………… 42

第 5 章　基于 MIL-STD-810G 的随机

      振动分析 …………………… 44

  5.1　项目描述 ………………………… 44

  5.2　分布质量 ………………………… 47

  5.3　随机振动分析 …………………… 49

  5.4　功率谱密度函数 ……………… 51

  5.5　加速度 PSD 的总体水平 …… 52

  5.6　分贝 ……………………………… 53

  5.7　随机算例属性 …………………… 54

  5.8　高级选项 ………………………… 55

  5.9　RMS 结果 ……………………… 55

  5.10　PSD 结果 ……………………… 57

  5.11　高阶结果 ……………………… 58

  练习 5-1　电子设备外壳的随机振动

        分析 ………………………… 60

  练习 5-2　电路板的疲劳评估 ……… 66

第 6 章　随机振动疲劳 ………………… 70

  6.1　项目描述 ………………………… 70

    6.1.1　随机振动疲劳的概念 … 71

    6.1.2　材料属性和 S-N 曲线 … 71

    6.1.3　随机振动疲劳选项 …… 73

  6.2　总结 ……………………………… 75

第 7 章　电子设备外壳的非线性动态

      分析 ………………………… 76

  7.1　项目描述 ………………………… 76

  7.2　线性动态分析 …………………… 76

  7.3　非线性动态分析 ……………… 77

    7.3.1　线性与非线性动态分析对比 … 77

    7.3.2　瑞利阻尼 ………………… 78

    7.3.3　时间积分方法 …………… 79

    7.3.4　迭代方法 ………………… 80

    7.3.5　讨论 ……………………… 81

  7.4　总结 ……………………………… 82

第 8 章　大型位移分析 ………………… 83

  8.1　实例分析：软管夹 …………… 83

  8.2　线性静应力分析 ……………… 84

    8.2.1　辅助边界条件 …………… 85

    8.2.2　解算器 …………………… 86

    8.2.3　几何线性分析：局限性 … 87

  8.3　非线性静应力分析 …………… 88

    8.3.1　时间曲线（加载函数） … 88

    8.3.2　固定增量 ………………… 89

8.3.3　大型位移选项：非线性分析 …………… 89
8.3.4　分析失败：大载荷步长过大 ………… 90
8.3.5　固定时间增量的不足 …………………… 92
8.4　线性静应力分析（大型位移）…………… 94
8.5　总结 …………………………………………… 95
8.6　提问 …………………………………………… 96

第9章　增量控制技术 ……………………… 97
9.1　概述 …………………………………………… 97
9.1.1　力控制 ………………………………… 97
9.1.2　位移控制 ……………………………… 97
9.2　实例分析：蹦床 …………………………… 98
9.3　非线性分析：力控制 …………………… 101
9.3.1　平面薄膜的初始不稳定性 ………… 103
9.3.2　重新开始 ……………………………… 105
9.3.3　分析进度对话框 …………………… 105
9.3.4　薄膜分析结果 ……………………… 106
9.4　非线性分析：位移控制 ………………… 107
9.4.1　位移控制方法：位移约束 ………… 107
9.4.2　单自由度控制局限 ………………… 108
9.4.3　在位移控制方法中的加载
　　　　模式 ………………………………… 108
9.5　总结 …………………………………………… 111
9.6　提问 …………………………………………… 111

第10章　非线性静应力屈曲分析 ………… 112
10.1　实例分析：柱形壳体 …………………… 112
10.2　线性屈曲分析 …………………………… 112
10.3　线性静应力分析 ………………………… 115
10.4　非线性静应力屈曲分析 ………………… 116
10.4.1　非线性对称屈曲 ………………… 116
10.4.2　非线性非对称屈曲 ……………… 121
10.5　总结 ………………………………………… 124
10.6　提问 ………………………………………… 124
练习10-1　架子的非线性分析 ……………… 125
练习10-2　遥控器按钮的非线性分析 ……… 130

第11章　塑性变形 ……………………………… 133
11.1　概述 ………………………………………… 133
11.2　实例分析：纸夹 ………………………… 133
11.3　线弹性 ……………………………………… 134
11.4　非线性：von Mises ……………………… 135
11.5　非线性：Tresca …………………………… 140
11.6　讨论 ………………………………………… 141
11.7　应力精度（选修）……………………… 141
11.8　网格切片 …………………………………… 142
11.9　总结 ………………………………………… 143
11.10　提问 ……………………………………… 143

练习11-1　使用非线性材料对横梁进行
　　　　　应力分析 …………………………… 143
练习11-2　油井管连接 ………………………… 147

第12章　硬化规律 ……………………………… 149
12.1　概述 ………………………………………… 149
12.2　实例分析：曲柄 ………………………… 149
12.3　各向同性硬化 …………………………… 149
12.4　运动硬化 …………………………………… 153
12.5　讨论 ………………………………………… 154
12.6　总结 ………………………………………… 155
12.7　提问 ………………………………………… 155

第13章　弹性体分析 …………………………… 156
13.1　实例分析：橡胶管 ……………………… 156
13.2　两常数 Mooney-Rivlin（1 材料曲线）… 156
13.3　两常数 Mooney-Rivlin（2 材料曲线）… 160
13.4　两常数 Mooney-Rivlin（3 材料曲线）… 161
13.5　六常数 Mooney-Rivlin（3 材料曲线）… 163
13.6　总结 ………………………………………… 164
13.7　提问 ………………………………………… 164

第14章　非线性接触分析 …………………… 165
14.1　实例分析：橡胶管 ……………………… 165
14.2　装配的不稳定性 ………………………… 170
14.3　静应力分析的有效性和局限 ………… 173
14.4　总结 ………………………………………… 173
14.5　提问 ………………………………………… 173
练习14-1　减速器 ……………………………… 174
练习14-2　橡胶密封圈 ………………………… 174

第15章　金属成形 ……………………………… 176
15.1　折弯 ………………………………………… 176
15.2　实例分析：薄板折弯 …………………… 176
15.3　平面应变 …………………………………… 177
15.4　大型应变选项 …………………………… 183
15.5　收敛问题 …………………………………… 184
15.6　自动步进问题 …………………………… 184
15.7　讨论 ………………………………………… 187
15.8　小型应变与大型应变公式的比较 …… 188
15.9　总结 ………………………………………… 189
15.10　提问 ……………………………………… 190
练习　大型应变接触仿真：折边 …………… 190

第16章　复合材料仿真 ……………………… 191
16.1　复合材料 …………………………………… 191
16.2　复合材料铺层 …………………………… 191
16.3　复合材料层压板 ………………………… 192

16.4　SOLIDWORKS 仿真进阶：复合材料 ········ 192
16.5　实例分析：滑板················· 193
　16.5.1　项目描述··············· 193
　16.5.2　铺层属性··············· 194
16.6　复合材料选项················· 196
16.7　复合材料方向················· 196
16.8　偏移····················· 197
16.9　复合材料后处理··············· 200
16.10　总结···················· 205

练习　有效的材料属性 ··············· 206

附录 ························· 213
　附录 A　非线性结构分析·············· 213
　附录 B　几何非线性分析·············· 215
　附录 C　材料模型和本构关系··········· 216
　附录 D　非线性 FEA 的数值方法 ········· 229
　附录 E　接触分析················ 231

第1章 一根弯管的振动

学习目标

- 理解静态和动态方法的区别，并学会选用算例
- 定义并完成一个基础的动力学瞬态分析
- 理解模态分析方法的基础

1.1 项目描述

本章将分析研究一根弯管受到 450N 的瞬态载荷时的动态响应，如图 1-1 所示。在运行动态分析之前，首先将运行一次静态算例，以验证静态应力是低于材料屈服强度的。然后逐渐增加载荷，研究在不同情况下的结果。如果载荷加载得足够慢，则静态算例的结果能够很好地体现模型的性能，然而，如果载荷加载得非常突然，则静态算例的结果会显著不同。

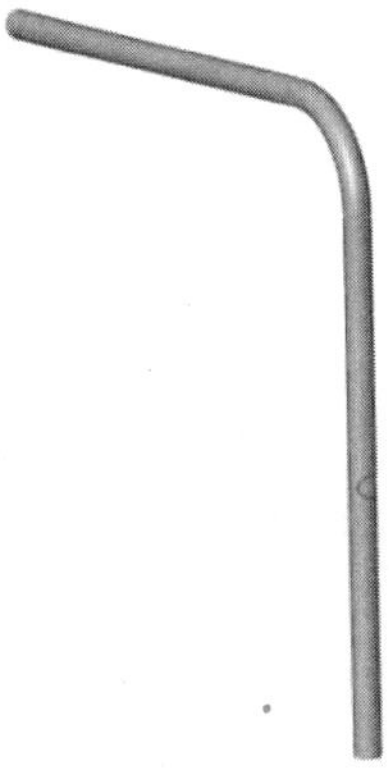

1.2 静态分析

下面将使用线性静态分析求解该问题，假定载荷加载得十分缓慢，所有惯性和阻力效应都可以忽略。

图 1-1 弯管

操作步骤

步骤1 打开零件

打开文件夹 Lesson01\Case Study 下的文件 "pipe"。查看这个模型，发现在模型的竖直部分有一个橙色的小圆面，创建这个曲面是为了在此位置加载横向载荷。

步骤2 定义静态算例

创建一个名为 "Static" 的【静应力分析】算例。

步骤3 排除实体

在零件目录下，对三个实体选择【不包括在分析中】，如图 1-2 所示。

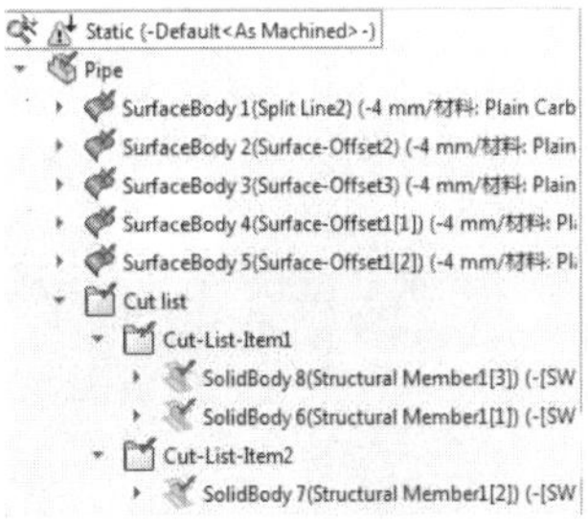

图 1-2 排除实体

步骤 4 定义壳体

对五个曲面进行【编辑定义】，指定【厚】壳的类型，并在【抽壳厚度】中输入数值 4mm。壳体的材料与 SOLIDWORKS 模型保持一致，验证应用的材料为【普通碳钢】，并查看材料的属性。

步骤 5 定义力

在弯管的橙色表面定义一个 450N 的【力】，【选定的方向】选择 Right 基准面，如图 1-3 所示。

步骤 6 定义约束

对弯管底部外边界应用一个【固定几何体】夹具，如图 1-4 所示。

图 1-3 定义力   图 1-4 定义约束

Static 算例到此已经设定完毕，请再次检查确定力是从 X 方向作用于面上的，算例中的所有特征都已正确设定。

步骤 7 划分网格

采用默认设置生成【高】品质的网格，使用【标准网格】进行划分。

步骤 8 运行算例

步骤 9 应力结果

图解显示模型中的 von Mises 应力，如图 1-5 所示。

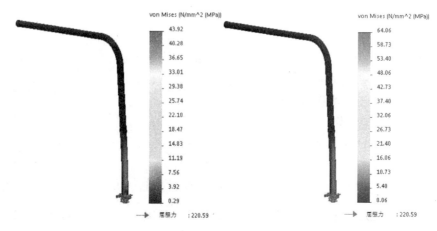

图 1-5 应力结果

注意，模型中的最大应力远远小于普通碳钢的屈服强度。

步骤 10　位移结果

图解显示位移结果，可以看出相对于模型的尺寸而言，位移是小的，如图 1-6 所示。

弯管顶部的最大位移为 1.84mm。

图 1-6　位移结果

1.3　频率分析

一般而言，在尝试动态分析之前，强烈推荐用户先运行一次频率分析。自然频率和振动模式在结构特征中是非常重要的，它们可以提供一些预见性的信息，例如一个结构件如何发生摆动，以及载荷是否会激发某些重要的模式。

在本章后面将看到，线性动态分析将使用模态分析的方法进行求解，由于这种方法需要用到结构的自然频率和模式，因此在进行实际的线性动态分析之前需要先进行频率分析。

步骤 11　运行频率分析

创建一个【频率】算例。将之前算例中的壳体定义，夹具和网格拖入到此算例中。运行该算例，以获取这个模型的前五个自然频率，如图 1-7 所示。

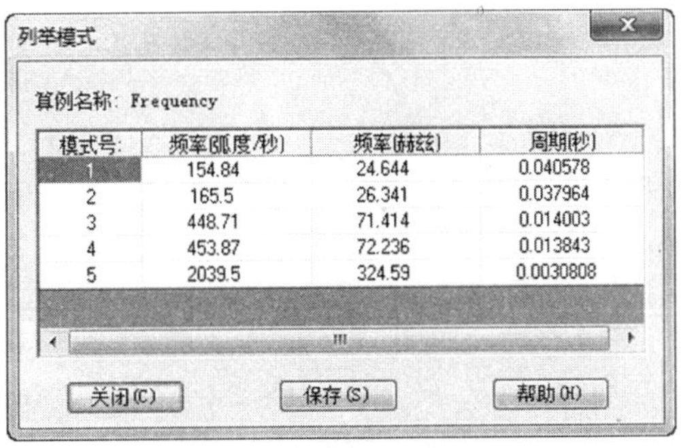

模式号	频率(弧度/秒)	频率(赫兹)	周期(秒)
1	154.84	24.644	0.040578
2	165.5	26.341	0.037964
3	448.71	71.414	0.014003
4	453.87	72.236	0.013843
5	2039.5	324.59	0.0030808

算例名称：Frequency

列举模式

关闭(C)　保存(S)　帮助(H)

图 1-7　获取自然频率

注意到自然频率的最大周期大约为 0.04s。用图解表示这些频率对应的变形情况，并将它们与未变形的模型进行比较，如图 1-8 所示。

对这些频率的模态进行动画演示，以理解它们的变形特性。

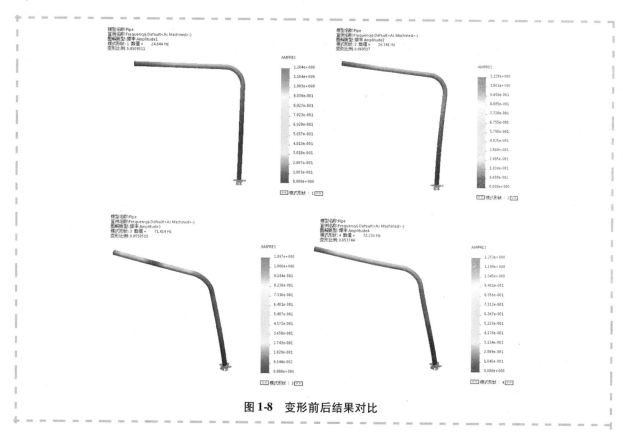

图1-8　变形前后结果对比

讨论　位移的大小并不代表振动结构的真实位移。在频率分析中，如果结构件在给定模式下发生振动，位移大小可以用于确定结构上特定位置相对于其他位置的位移。注意，第二个和第四个频率模态显示了 X 方向上的变形。

在静态算例中，假定力不随时间发生变化。在接下来的算例中将考虑几种情况，即力随着不同的速率发生变化。

下面将介绍两种加载工况：在第一个工况中，载荷在 0.5s 内由 0 缓慢上升至 450N；在第二个工况中，载荷在 0.05s 内由 0 快速上升至 450N，如图 1-9 所示。

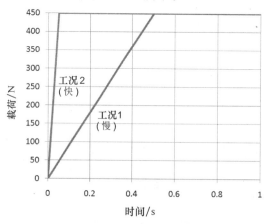

图1-9　两种载荷的加载方式

1.4　动态分析（缓慢作用力）

本部分将分析在缓慢加载力的作用下弯管结构的瞬态响应。

注意，本章不会在这个动态求解分析中加载阻尼。阻尼的问题将在第 2 章讨论。

运动的结构矩阵方程式表达如下

$$[M]\{\ddot{u}\} + [C]\{\dot{u}\} + [K]\{u\} = \{F(t)\}$$

式中，$[M]$、$[C]$ 和 $[K]$ 分别代表质量、阻尼和刚度矩阵，$\{\ddot{u}\}$、$\{\dot{u}\}$、$\{u\}$ 和 $\{F(t)\}$ 分别代表节点加速度、速度、位移和与时间相关的力。当这个有限元模型由大量自由度数量 n（有限元网格节点处的位移未知）表示时，上面的矩阵具有很大规模，问题的求解可能需要占用相当多的计算资源和时间。

在这个线性动态分析工况中（具有线性弹性材料的小位移分析模型），上面的复杂问题可以使用模态分析方法来进行求解。通过使用这种方法，可以使耦合了 n 个运动方程组的复杂系统简化为 m 个独立的（解耦的）运动方程，它们具有以下形式

$$\ddot{x}_1 + \lambda_1 \dot{x}_1 + \Delta_1^2 x_1 = r_1(t)$$

式中，λ_1 和 Δ_1^2 为特定的常数，m 代表使用频率分析计算得到的内在的自然模式数量，上面的方程式对应着模式 1（注意其下标为 1）。对 m 个解耦的方程组进行求解速度会快很多，而且复杂程度也大大降低，它们的组合也提供了最初有限元模型的位移解。

模态分析需要自然频率和振动模式。为了继续进行线性动态分析，必须首先完成频率分析。

步骤 12　对缓慢加载的实例（实例 1）生成一个线性动态算例

生成一个名为"Slow force"的算例。【类型】选择【线性动力】，并单击【模态时间历史】，如图 1-10 所示。

步骤 13　生成壳体、约束及网格

从之前的算例中拖入壳体定义夹具、力和网格。

步骤 14　定义力

在【随时间变化】选项组中选择【曲线】并单击【编辑】按钮，如图 1-11 所示。

图 1-10　定义算例　　　　　图 1-11　编辑曲线

在【曲线信息】中，输入【名称】为"Slow"，并按照表 1-1 中的数值输入数据。

表 1-1　输入数值表

X	Y
0	0
0.5	1
1	1

栏目 X 显示的是时间（按秒计），栏目 Y 显示的是乘法因子，它将作用于输入在【力】值中的力 450N，如图 1-12 所示。

在【时间曲线】对话框中单击【确定】，然后单击【力】PropertyManager 中的【确定】。

步骤 15　设置算例属性

右键单击算例"Slow force"并选择【属性】，在【频率选项】选项卡中，输入【频率数】为 5，如图 1-13 所示。

> ⚠ **注意**　必须强调，这里只使用了 5 个频率数来表示这个模型的动态特性，在接下来的章节中用户将认识到，这样低的频率值是不够的。

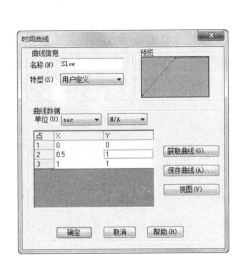

图 1-12　定义时间曲线

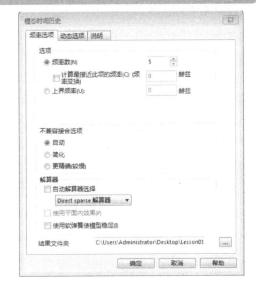

图 1-13　定义频率选项

单击【动态选项】选项卡，设置【开始时间】为 0s，【结束时间】为 1s。

为了输入一个【时间增量】，需要使用关于最高频率时间周期的信息。回顾前面的频率算例，计算过 5 个频率，而第五个频率的时间周期为 0.003s。选择时间增量为用于分析的频率模式下最小时间周期的 1/10 左右，因此，输入【时间增量】为 0.0003s，如图 1-14 所示。

> **提示**　第 2 章将详细介绍关于时间增量的计算。

单击【确定】。注意，增量的数量可以通过总时间除以时间增量来计算。在这个算例中，拥有 3334 个增量（大约等于 1/0.0003）。

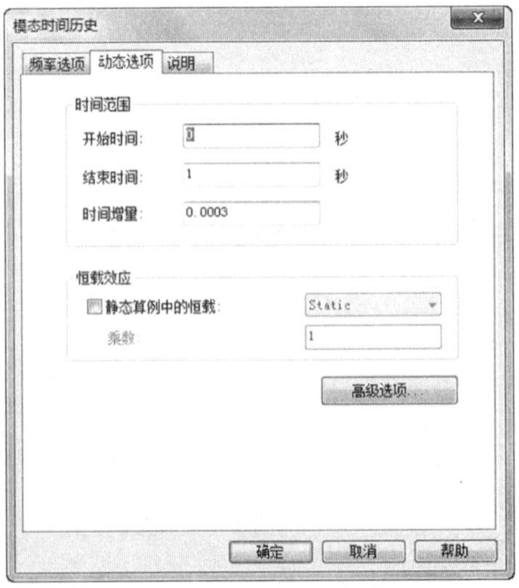

图 1-14　定义动态选项

步骤16 结果选项

在算例中，右键单击【结果选项】并选择【编辑/定义】。在【保存结果】选项组中，选择【对于所指定的解算步骤】。在【数量】选项组中，勾选【位移和速度】及【应力和反作用力】复选框，选中【绝对】。在【解算步骤-组1】选项组中，输入下列数据：在【步骤号】的【开始】中输入1，在【步骤号】的【结束】中输入3500，【增量】中输入10，如图1-15所示。单击【确定】。

提示   在【结束】中输入的步骤数量必须等于或大于在分析中真实时间的步骤数量。

步骤17 运行这个算例

本次运算大约需要几分钟时间。

步骤18 对缓慢加载的实例（实例1）**查看其位移结果**

对最后保存的时间步（334）定义【URES：合位移】图解。注意，默认情况下选择最后一个步骤，对应的时间显示为0.9993s，如图1-16所示。

加载周期末尾的最大位移为1.89mm，几乎和算例"Static"中得到的最大位移相同。原因是加载的力作用很缓慢，这也是线性静态分析最基本的假设之一。

图1-15 定义结果选项   图1-16 位移结果

提示   用户可以对所有保存的时间步骤获取位移图解。

步骤19 生成末端位移图表

右键单击【结果】文件夹并选择【瞬态传感器图表】，【X轴】保持为【时间】，【Y轴】选择瞬态传感器 Tip displacement，单击【确定】，生成一个响应图表，如图1-17所示。

可以看到，一旦完成载荷加载，弯管将发生持续振荡。在现实生活中，这样的振荡会因为阻尼的影响而随时间消失。因为本算例没有阻尼，所以振荡将没有衰减地一直持续下去。

步骤20 结构的最大位移

步骤18中生成的图解提供了给定时间步的位移值，之后生成的图表显示了振荡结果，它是关于所选位置的时间相关函数。然而，在所有保存的时间步中，定位整个模型的最大值也是很重要的。

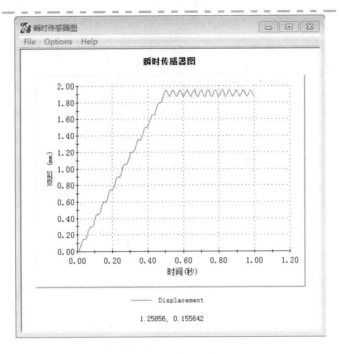

图 1-17　响应图表

【编辑定义】步骤18中定义的位移图解。在【图解步长】下单击【穿越所有步长的图解边界】按钮 ↩，如图1-18所示。选择【最大】并单击【确定】。

穿越所有保存的时间步长的最大位移上升了一点，达到了1.96mm，如图1-19所示。最后一个时间步（步骤18）中得到的最大位移，与从所有保存的时间步中得到的最大位移非常接近，但这只是一种巧合。一般情况下，从所有保存的时间步中得到的最大值将会明显不同。同时需要注意的是，从所有保存的时间步中得到的最大位移非常接近算例"Static"中得到的最大位移，这是因为加载的力作用很缓慢，这也是线性静态分析的基本假设之一。

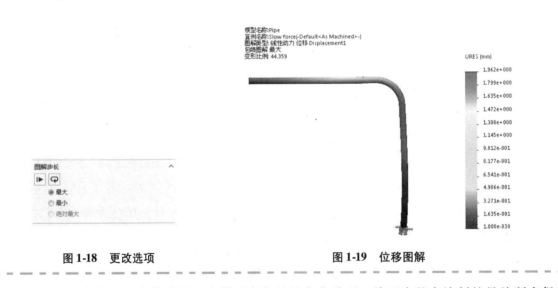

图 1-18　更改选项　　　　　　　　　图 1-19　位移图解

讨论　前面图解中的最大位移是否为模型真实的最大位移呢？前面步骤中绘制的是从所有保存的时间步中得到的最大位移，由于设置了结果选项，只是每隔10次计算才保存一次，因此真正的最大值可能位于没有保存的步骤中。你是否能够想出一种方法，可以从所有时间步中得到最大位移？

前面图解中不能得到最大值的另一个原因可能是没有正确选择时间步，或者没有在求解中纳入足够多的保证获取准确结果的模式。这两个问题将在第2章中进行介绍。

1.5　动态分析（快速作用力）

本章的最后一部分将分析当快速加载作用力时弯管结构的瞬态响应，和之前的动态分析一样，这里不应用阻尼。

步骤21　新建一个线性动力算例

复制算例"Slow force"到一个新的【线性动力】算例，命名为"Fast force"。

步骤22　编辑力

【编辑定义】力的时间曲线，注意到力以更快的速度增大，如图1-20所示。

步骤23　算例属性

确保算例属性设定的值和算例"Slow force"中设定的数值保持一致。也就是说，请确认自然频率数指定为5，时间步长指定为0.0003s。

步骤24　运行算例

同样，本次运算大约需要几分钟时间。

步骤25　位移结果

对最后一个保存的时间步（接近1s）图解显示【URES：合位移】。

最后一个保存的时间步对应的最大合位移为2.15mm，如图1-21所示。和步骤20中显示的一样，整个动态运动中结构的最大位移必须来自所有保存的时间步。

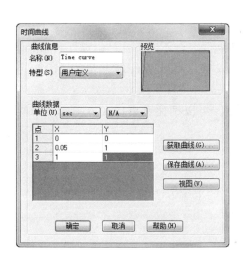

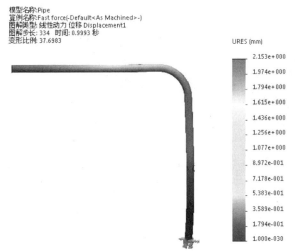

图1-20　定义时间曲线　　　　　图1-21　位移结果

步骤26　显示穿越所有时间步的图解

【编辑定义】位移图解，并要求图解显示穿越所有步长的图解边界。在所有保存的时间步之中，弯管的最大位移为2.36mm，和最后一个时间步中得到的最大值（2.15mm）明显不同，如图1-22所示。

步骤27　生成末端位移图解

在弯管顶部生成合位移的末端位移图解，如图1-23所示。将上面得到的末端位移图解与算例"Slow force"中得到的顶部末端位移图解进行对比，可以看到振荡幅度明显更高。

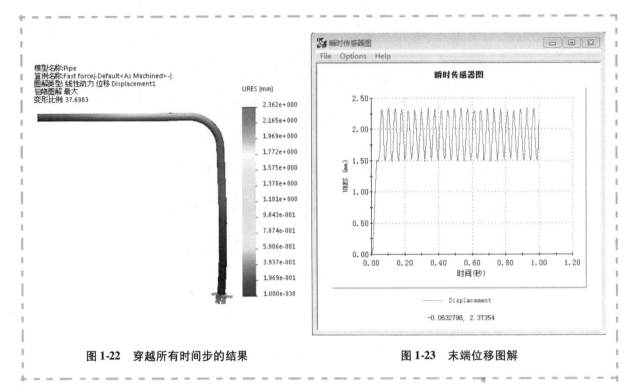

图1-22　穿越所有时间步的结果　　　　　　　图1-23　末端位移图解

总结　本章展示了一根弯管在集中力载荷下的简单问题，可以看到，缓慢加载作用力的动态分析的结果非常接近静态分析中的结果。这也验证了静态分析中的基本假设，即作用力必须随时间缓慢加载，以减小惯性力的影响。

在算例"Fast force"中，力的大小突然增加，得到的结果也完全不同，这是由惯性效果导致的。

本章还介绍了如何计算最小时间步增量的基本估值。第2章将重点介绍时间步的计算、自然模式的数量以及线性动态分析的其他方面。

本章计算出了弯管的瞬态响应。为了验证结果的正确性，可以细化网格，在方案中纳入更多的自然频率，或减小时间步长。

提问
- 如果只包含一个自然频率，结果会怎么样？
- 在求解线性动态问题时，SOLIDWORKS Simulation 使用的求解方法的名称是什么？
- 用户如何在动态分析中计算求解步骤的数量？

第2章 基于标准 MILS-STD-810G 的瞬态振动分析

学习目标

- 定义瞬态动力学算例
- 使用远程质量特征
- 从动态分析中后处理结果
- 基于标准 MILS-STD-810G 确定加载配置

2.1 项目描述

参照 MILS-STD-810G 中方法 516.5 的测试标准，理解电子设备外壳遭遇功能性振动试验时的性能，如图 2-1 所示。一般而言，该测试用于辅助评估零部件在冲击载荷下的物理完整性、连续性和功能性。参考的测试要求冲击载荷在三个独立的正交轴方向都加载。

本章中的线性动态分析将在全局 X 轴的正向加载典型的冲击脉冲载荷。

请注意，MILS-STD-810G 中方法 516.5 一般情况下并不接受典型的冲击脉冲载荷，除非它能显示其数值并接近真实情形。同时，典型的冲击载荷必须沿着三个主要正交轴的正负两个方向都单独加载。

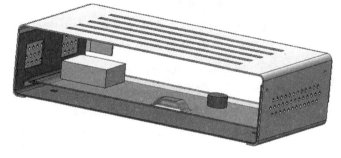

图 2-1 电子设备外壳

操作步骤

步骤 1　打开装配体文件

打开文件夹 Lesson02\Case Studies\Electronic Enclosure 下的文件 "Electronic_Assembly"。

步骤 2　配置

确保激活的配置为 Default。

步骤 3　单位

验证【压力/应力】和【长度/位移】对应的单位分别为 N/mm² (MPa) 和 mm。

步骤 4　定义算例

定义一个【线性动力】／【模态时间历史】算例，命名为 "Full model"。

步骤 5　爆炸显示装配体

步骤 6　PCB 壳体

"Base" 和 "Cover" 都是钣金特征，没有必要过多关注它们的定义，如图 2-2 所示。

用户应该验证的是二者都指定了材料【1060 合金】。将 "PCB" 零部件的底面定义为壳体，指定【薄】壳的类型，并在【抽壳厚度】中输入 0.75mm，确保对 "PCB" 壳体指定了材料 PCB FR-4。

步骤 7　指定材料

对零部件 "Cap" 和 "Chip" 分别指定材料【铜】和【陶瓷】，如图 2-3 所示。

图 2-2　钣金特征

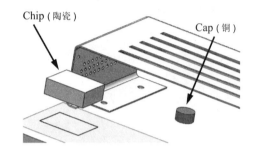

图 2-3　指定材料

提示　　在本算例中，将这两个零部件作为实体对象进行模拟，此方法适用于简单的模型，这些非结构化零部件上的网格划分并不会导致性能下降。

步骤 8　指定接触

设置顶层的零部件接触（全局接触）为【运行贯通】。

步骤 9　PCB 对应 Chip 和 Cap 的接触

在 "Chip"、"Cap" 和 "PCB" 之间指定【接合】的接触，如图 2-4 所示。

步骤 10　Cover 对应 Base 的接触

在 "Cover" 的螺栓开口和 "Base" 之间指定【接合】的接触，如图 2-5 所示。

图 2-4　指定接触（一）

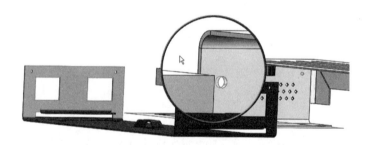

图 2-5　指定接触（二）

提示　　在【组 1 的面、边线、顶点】选择框中，选择 "Cover" 的螺栓开口圆柱面，并在【组 2 的面、边线】选择框中指定 "Base" 的面，如图 2-6 所示。

在另一侧指定相同的接触。

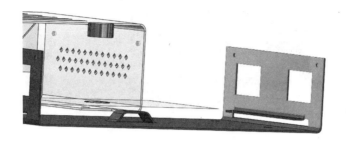

图 2-6　指定接触（三）

步骤 11　PCB 对应 Base 的接触

在"PCB"和"Base"之间指定【接合】的接触，如图 2-7 所示。

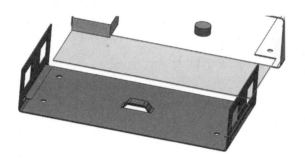

图 2-7　指定接触（四）

步骤 12　定义夹具

对"Cover"和"Base"上的 8 个螺栓开口指定【固定几何体】的夹具，如图 2-8 所示。

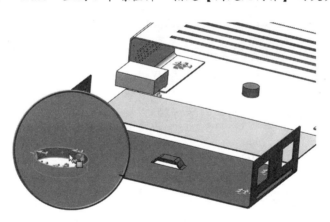

图 2-8　定义夹具

提示　使用"Cover"和"Base"上的螺栓孔圆柱面。

步骤 13　取消爆炸显示装配体

步骤 14　划分网格

生成【草稿品质网格】并指定单元的【整体大小】为 8.85mm，使用【标准网格】进行划分，如图 2-9 所示。

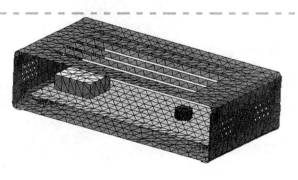

图 2-9　划分网格

步骤 15　运行 25 个模态的频率分析

步骤 16　共振频率

列举共振频率，如图 2-10 所示。观察到没有出现零值，表明所有接触都定义良好，而且模型中不存在刚体模态。

步骤 17　列举质量参与因子

列举【质量参与】因子，如图 2-11 所示。

图 2-10　列举模式

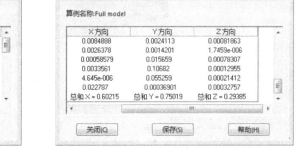

图 2-11　质量参与（一）

经观察发现，在主要振动方向并未达到推荐的数值 0.8，X 分量的数值只有 0.60（分析沿 X 方向的冲击响应），因此，需要提高模态的数量，例如，取数值为 65。

步骤 18　提高模态数量，然后重新运行频率分析

将所需模态的数量提高至 65，然后重新运行这个频率分析。

步骤 19　重新列举质量参与因子

重新列举【质量参与】因子，如图 2-12 所示。

沿 X 方向的总和值上升至 0.66，这仍然低于推荐的数值 0.8。

图 2-12　质量参与（二）

2.1.1　质量参与因子

质量参与因子只是一个近似表示，可以指明一个分析中是否包括足够数量的模式。随着经验的积累，用户会发现在使用壳体的实例中，通常沿较大壳体特征（本例中对应着 X 和 Z 方向）的平面方向比较难达到推荐的数值 0.8，这种现象意味着还没有包含高频（通常为轴向）模式。通常来说，当轴向模态的重要性减小时，弯曲模态对基础运动分析的结果至关重要，这时，推荐的数值 0.8 就显得没有那么重要了。

　　事实上，即便累积的质量参与因子达到 0.8，也不能保证包括了所有重要的模态。对结果进行认真的分析，对最高模态及响应的准确空间描述以及对瞬态载荷充分的瞬时描述，都是同等重要的。

步骤20　图解显示最后一个模态形状

图解显示数值为 65 的最后一个模态形状，如图 2-13 所示。

最后一个模式形状的图解非常重要，因为生成网格的密度和质量必须能够平滑地描述它的形状。如果得到的是一个波浪起伏的图解，而且观察到很大的单元，则有必要进行网格细化。在这个例子中，图解效果很差，可以将通过改变单元品质和降低整体大小来进行改善。

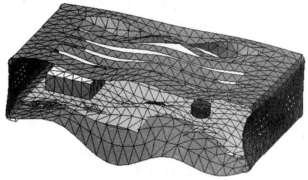

图 2-13　模式形状

步骤21　细化网格

生成【草稿品质网格】并指定默认单元的【整体大小】为 4.42mm，使用【标准网格】进行划分。

步骤22　使用 65 个模态重新运行频率分析

步骤23　再次列举质量参与因子

再次列举【质量参与】因子，如图 2-14 所示。

沿 X 方向累积的数值几乎没有发生改变，仍为 0.66。之前已经讨论过，这个数值不是特别重要。

步骤24　图解显示质量参与

右键单击【结果】并选择【定义频率响应图解】。选择【累积有效质量参与系数 (CEMPF)】，作为与频率对应的数量图表。

在【摘要】选项组中，勾选【显示频率 (Hz)，其中 CEMPF 大于】复选框，确保 X、Y、Z 三个方向都被选中，如图 2-15 所示。单击【确定】。

图 2-14　质量参与（三）

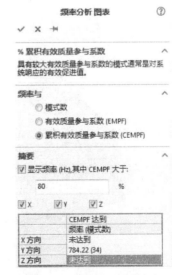

图 2-15　图解显示质量参与

频率响应图提供了更多可视的细节，可以让用户了解每个模态相对于累积有效质量参与的系数。注意，Z 方向的累积有效质量参与系数在最后的频率范围内突然加大，如图 2-16 所示。

累积有效质量参与系数包含更多模态（本例中为 600），最终会在 X 和 Z 两个方向上都超过推荐的 80% 这一数值。Z 方向会在大约 6500Hz 时超过 80%，而 X 方向会在大约 12000Hz 时超过 80%，如图 2-17 所示。这些频率都太高了，不需要在本仿真中考虑。

步骤 25 图解显示最后一个模态形状

图解显示数值为 65 的最后一个模态形状，如图 2-18 所示。

最后一个模态形状描述得非常好，可以断定这次的网格密度已经足够。

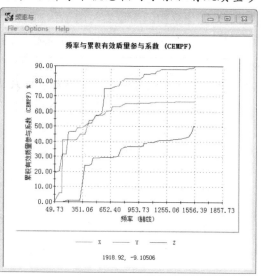

图 2-16 频率响应图

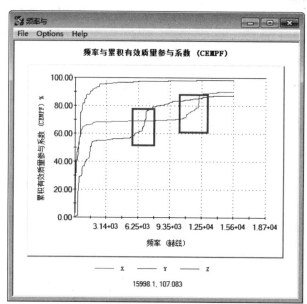

图 2-17 累积有效质量参与系数

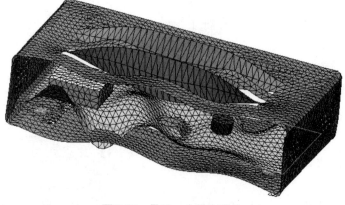

图 2-18 最后一个模态形状

步骤26　定义模态阻尼

对所有模态指定一个模态阻尼，阻尼比率为 0.05，如图 2-19 所示。

> **提示** 标准 MILS-STD-810G 中的方法 516.5 指出，当没有其他阻尼信息可用时，推荐通过品质因子 $Q = 10$ 来得到阻尼数值。请仔细阅读下面的讨论，便可以理解为何模态阻尼比率为 0.05。

图 2-19　定义模态阻尼

2.1.2　阻尼

阻尼描述了一个结构（或一个材料）由于各种现象耗散能量的能力。一般而言，结构中存在三种主要的能量耗散模型：

1. 摩擦效应　任何彼此接触的结构部件都存在一定程度的摩擦交互作用。例如，螺栓接头经受的微小相对位移会产生摩擦力，从而消耗部分振动能量。摩擦阻尼属于结构阻尼的范畴，用于描述它的理论模型称为库仑阻尼。

2. 材料阻尼　由于反复的弹塑性材料变形以及磁性矢量的重新定位，材料将随着结构振动而发生能量耗散，这种类型的阻尼称为材料阻尼或迟滞阻尼。

这种类型的阻尼可以划分为结构性的或纯粹为材料性的。在结构性的实例中，材料的阻尼常数与材料制造的特定形状和结构有关。在材料性的实例中，材料的阻尼常数是独立于结构形状的真实材料属性。

纯粹的材料阻尼常数（材料属性）在表示材料阻尼时看上去是一个理想的选择，它们的使用非常复杂，而且随后的计算量可能会非常大。因此，更通用的做法是使用结构化材料的阻尼常数，无论是技术上的计算还是文字上的描述都是如此。

3. 粘性阻尼　通过与周围的流体进行交互换位，与流体相互作用的振动结构耗散掉了很大一部分的振动能量。粘性阻尼的大小与振动材料的速度成比例，它的计算公式为

$$F_d = c \cdot v^n$$

式中，F_d 为阻尼力；c 为阻尼大小，v 为结构的速度，且对应的指数为 n 次方。指数 n 的典型数值为 1，在 Simulation 的动力模块中也使用此数值。其他类型的阻尼通常使用等效的能量耗散准则转换一个等效的粘性阻尼。用户可能需要查阅关于振动的文献，以获取更多关于这个主题的知识，下面的讨论将更详细地讲解粘性阻尼。

2.1.3　粘性阻尼

1. 单自由度的粘性阻尼　如图 2-20 所示，在质量为 m，刚度为 k，阻尼为 c 的单自由度结构粘性阻尼中，通常以下面的常数为特征

阻尼常数为 c，阻尼比率为 ζ，其中 $\zeta = \dfrac{c}{c_c} = \dfrac{c}{2\sqrt{km}}$。

瑞利阻尼为

$$c = \alpha \cdot m + \beta \cdot k$$

常数之间的关系为

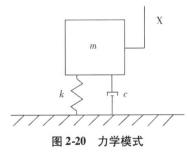

图 2-20　力学模式

$$\frac{c}{m} = \alpha + \beta \cdot \omega_n^2 = 2\zeta\omega_n$$

注意到上面的常数表示了一定刚度和质量的结构，它们不代表材料，而只代表结构。为了保持一

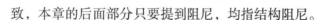

致，本章的后面部分只要提到阻尼，均指结构阻尼。

2. 有限元结构的粘性阻尼 在模态分析中，表示 FEA 结构的一组复杂的微分方程被分解并简化为一组独立的方程，每个这样的方程都代表一个单自由度的振荡器，它们解的组合等于整个结构的响应。于是，在模态分析中，每个独立的模态方程都可以独立地衰减（例如，每个模态方程可以拥有不同的模态常数大小），因此，阻尼常数与那些用于单自由度的阻尼常数是一样的

阻尼矩阵为 $[C]$，模态阻尼比率矢量为 $[\zeta]$，其中 $\zeta_i = \dfrac{c_i}{c_{c,i}} = \dfrac{c_i}{2\sqrt{k_i m_i}}$。

矩阵形式的瑞利阻尼

$$[C] = \alpha \cdot [M] + \beta \cdot [K]$$

以系数形式表述为

$$\frac{c_i}{m_i} = \alpha + \beta \cdot \omega_{i,n}^2 = 2\zeta_i \omega_{i,n}$$

3. 结构粘性阻尼的其他数值 文献中经常使用下面的结构阻尼的数值，它们全部与阻尼数值相关。

系统损耗系数为 $\qquad\qquad\qquad\qquad \eta = 2\zeta$

系统的特定吸振能力为 $\qquad\qquad\qquad \psi = \dfrac{2\pi}{Q}$

系统自由振动的对数衰减为 $\qquad\qquad \delta = 2\pi\zeta$

谐振放大（或特性）系数为 $\qquad\qquad Q = \dfrac{1}{\eta}$

注意：上面的关系适用于展现小振幅的结构。

另外一些比较少见的数值为混响时间、相位角、平面弯曲波衰减以及平面纵波衰减。

4. 如何获取阻尼常数 获取相关的阻尼常数是相当困难的，用户通常有两个选择：

1）现有文献。有必要搜索现有的文献，获取相似类型、形状以及材料成分的结构常数，一些文献可能也列出了材料性质的阻尼属性。

2）实验。有可能通过实验的方法测量某些阻尼常数。例如，通常利用实验的方法来表现振动衰减的大小。

步骤27　基本运动

在【外部载荷】文件夹下，指定【统一基准激发】中的加速度大小为20g。

注意　使用外壳的竖直表面作为参考，确保显示的方向如图 2-21 所示。

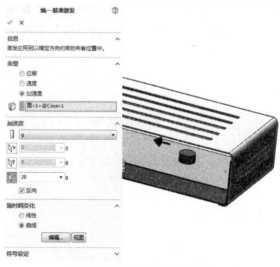

图 2-21　定义统一基准激发

在【随时间变化】选项组中，选择【曲线】并单击【编辑】按钮，指定如图 2-22 所示的数据点，单击【确定】。

> **提示**　上面指定的一个典型冲击并不是标准 MILS-STD-810G，方法 516.5 中推荐的首选为冲击载荷。此处更推荐使用真实的、重复的测量冲击数据，或从之前的冲击响应谱（SRS）估算的合成冲击。只有在没有数据可用时才允许使用经典的冲击脉冲，而且使用时必须与真实的载荷条件对应的脉冲保持一致。

步骤28　时间步长及分析持续的时间

在算例属性的【动态选项】选项卡中，分别指定【时间增量】为 5×10^{-5}s，【结束时间】为 0.022s，如图 2-23 所示。下面将讨论如何确定时间步长。

图 2-22　定义时间曲线

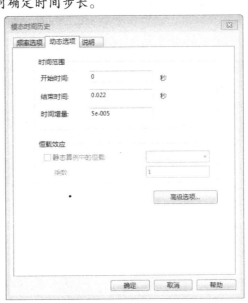

图 2-23　定义动态选项

> **提示**　一般而言，分析持续的时间取决于包含了足够的振动峰值响应。对高频响应而言，分析持续的时间要小于低频响应振动下使用的时间，标准 MILS-STD-810G 详细说明了如何计算最小的分析持续时间。如果没有测量数据，飞行装置性能测试下冲击响应推荐的近似持续时间为 15～23ms，在分析中选择的数值为 22ms，是经典冲击脉冲持续时间的两倍。

2.1.4　时间步长

最小时间步长非常重要，而且需要考虑大量参数。太大的时间步长可能导致分析无法完成，或者尽管在过大的一个时间步长下能够完成分析，其结果也可能是错误的。在确定最小所需的分析时间步长时必须考虑以下参数：

1. 最高且重要的模态波的时间分辨率　在这个分析中，最后一个重要的自然模式对应的振动应该至少离散为 5（最好为 10）个时间增量。也许对于一个没有经验的用户而言，比较难确定什么是最高且重要的模式，因此这里必须考虑最高的模式。必须随时考虑这个准则

$$\Delta t < 0.1 T_{\min} = 0.1 \times 0.00064251\,\mathrm{s} = 6.4 \times 10^{-5}\,\mathrm{s}$$

2. 弹性应力波传播的分辨率 如果模型中需要用到弹性应力波传播的分辨率，必须根据下面的公式计算时间步长

$$\Delta t \leqslant \frac{0.2 L_{\text{characteristic}}}{v_{\text{elastic wave}}} = \frac{0.2 L_{\text{characteristic}}}{\sqrt{\dfrac{E}{\rho}}} = \frac{0.2 \times 0.192}{\sqrt{\dfrac{6.9 \times 10^{10}}{2705}}}\,\mathrm{s} = 7.6 \times 10^{-6}\,\mathrm{s}$$

上面公式中用到的弹性模量及质量密度来自外壳的材料（铝合金 1060-H18），单位系统为米制 SI，外壳的长度大约为 192mm。注意，参数 0.2 在 5 个时间步长中离散弹性波，如果需要更好的分辨率，则可以调节这个参数。

3. 载荷的时间分辨率 这对准确求解冲击载荷是至关重要的。如果分辨率过低，某些波的特征可能会被忽略，从而导致载荷描述可能变得非常不准。在分析中，冲击脉冲将采用 10 个时间点进行离散。因此

$$\Delta t < 0.1(\text{pulse duration}) = 0.1 \times 0.011\,\mathrm{s} = 1.1 \times 10^{-3}\,\mathrm{s}$$

经典冲击载荷的频率特性非常容易确定，然而确定一般振动冲击载荷的频率特性则要困难得多。载荷的傅里叶变换可以显示载荷的频率特性，图 2-24 显示了本章中使用的经典冲击脉冲的傅里叶变换，可以观察到峰值振幅发生在 46.8Hz 处，对本例而言并没有太大的困难。最高模态波的频率（发生在 1556.4Hz 处，或时间周期为 0.00064251s 处）相当高，在时间步长为 $6.4 \times 10^{-5}\,\mathrm{s}$ 时能够准确求解。一般而言，最大幅度的极值，以及载荷振幅谱的重要部分都应该被离散。

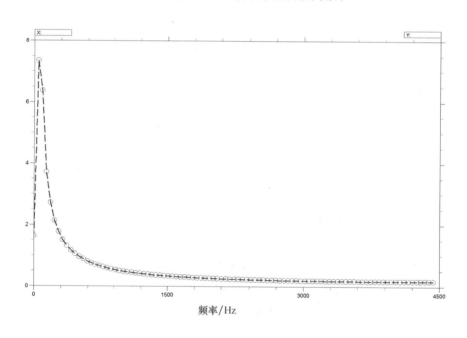

图 2-24 经典冲击脉冲

⚠️ **注意** 分析中包含的最高模态波的频率必须高于载荷所有重要的频率，或用户感兴趣的重要频率。

在分析中，选择时间步长 $\Delta t = 5 \times 10^{-5}\,\mathrm{s}$。除了应力波传播以外，所有时间增量的标准都满足要求，只有应力传播非常重要时，这个标准才必须满足要求。如果对位移、速度和加速度要求更高，就可以不强求应力传播这个标准。

步骤29　定义高级选项

在【模态时间历史】对话框中，单击【高级】选项卡，如图 2-25 所示。

图 2-25　定义高级选项

在【时间积分法】中，保留默认的选项【纽马克（新标记）法】，第一积分参数和第二积分参数的数值也保留默认值。

> **提示** 对时间积分法的描述，请参见本书第 7 章。数字参数用于调节时间积分过程中时间域加速度的近似值。默认值适用于大多数应用，一般而言不需要进行修改。进阶学员可以自行查阅大量关于此主题的已有文献，以获取更多信息。

步骤30　定义传感器

在 SOLIDWORKS 特征树中，对图 2-26 所示的两个位置定义【Simulation 数据】和【工作流程灵敏】传感器。

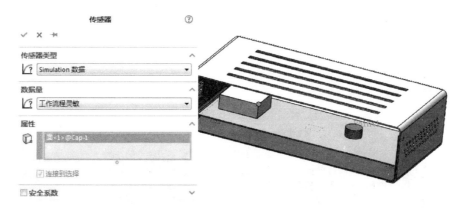

图 2-26　定义传感器

这些位置代表重要的组件及区域，动态分析结束后将图解显示具体的图表。下面的步骤将指定存储需求。

22

步骤 31　结果选项

动态分析可能产生巨大的数据量，推荐在运行分析之前指定所选的数据。

在【结果选项】下，选择【保存结果】下的【对于所指定的解算步骤】。【数量】选项组，选择【位移和速度（相对）】并勾选【应力和反作用力】复选框。

对全部结果指定三组保存为轮廓图解，注意到每组都设置了一个不同的增量，以降低存储需求。

仍然在【结果选项】下，【图表的位置】选择【Workflow Sensitive1】作为传感器清单。对所有时间步长，都将保存传感器位置的完整数据，如图 2-27 所示。单击【确定】。

> 提示　相对位移将参照移动的"base"，绝对值也将包含"base"的位移，通常使用的是相对值。

步骤 32　保存并运行

【保存】分析的设置，【运行】该动态分析。

步骤 33　图解显示位移结果

图解显示【UX：X 位移】分布，如图 2-28 所示。

在【图解步长】选项组中，单击【单步长的图解】按钮并指定【图解步长】为 10（这个图解步长对应的时间为 0.00905s）。

在【变形形状】选项组中，确认选择了【自动】，如图 2-29 所示。

在【自动】变形形状的数值下，图解显示在夸大的变形中，这是由于零件显示为严重贯穿的原因，然而，这只是一个视觉表现，模型中不存在这样的穿透关系。用户可以将此数值更改为【真实比例】（或 1:1），以观察结构变形的真实大小，真实的位移其实非常小。

图 2-27　定义结果选项

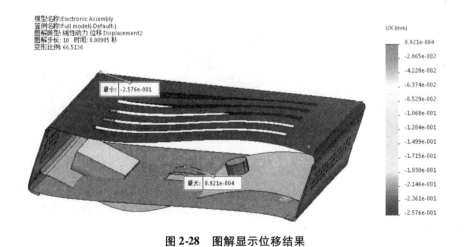

图 2-28　图解显示位移结果

事实上，确实存在一定的穿透，但可以忽略。可以看到，在第 10 个步长的最大位移为 −0.26mm。【动画】显示变形，以验证结果是符合预期的。然而，上述图解只显示第 10 步的结果。我们感兴趣的是最大值。

步骤 34　编辑图解

在【图解步长】下（图 2-30），单击【穿越所有步长的图解边界】按钮并选择【最大】，结果如图 2-31 所示。

图 2-29　定义位移图解　　　　　　　　**图 2-30　修改选项**

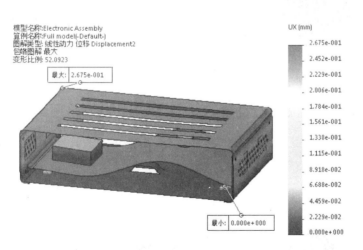

图 2-31　穿越所有步长的最大位移图解

生成一个类似的穿越所有步长的图解边界的图解，这次选择【最小】，结果如图 2-32 所示。

从图 2-31、图 2-32 中观察到，沿全局 X 轴的最大和最小位移分别为 2.68e-1mm 和 −3.3e-1mm。这些数值需要和所需数值进行比较，以判断外壳是失效还是合格。

24

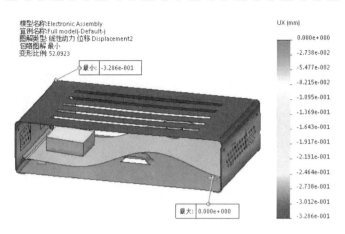

图 2-32　穿越所有步长的最小位移图解

提示　大多数情况，更关注加速度（或速度）的结果，而不是位移。

步骤 35　加速度结果

设置单位为 g，生成【最大】和【最小】的两个【ARES：合加速度】图解，并指定【穿越所有步长的图解边界】，结果如图 2-33 和图 2-34 所示。

图 2-33　穿越所有步长的最大合加速度图解

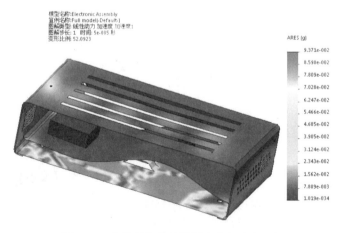

图 2-34　穿越所有步长的最小合加速度图解

可以观察到，总体的最大合加速度为 37.2g。再次对比许可的范围，以判断外壳运转良好还是失效。然而，对电子产品的设计而言，最重要的结果是 PCB 组件的加速度。

步骤36　在传感器位置的响应图表

设置单位为 g，对保存的传感器位置生成【加速度】，【ARES：合加速度】的响应图表，如图 2-35 所示。

对两个监测的位置而言，总体最大合加速度几乎相等，即最大激发加速度为 20g。同时，由于峰值振幅通常发生在初始冲击作用之后的时间，推荐在更长的持续时间内运行分析，直到振动衰减到比较低的水平。

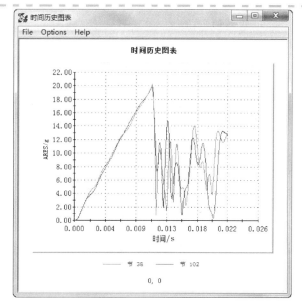

图 2-35　响应图表

通过细化网格和增加经过考虑的模式数量，来验证瞬态分析结果的正确性是一个很好的习惯。从这样细化后的分析中得到的结果和初始分析的结果应该相差不会太大。如果相差很大的话，说明初始分析的结果不正确，而必须考虑更多的模式和更细的网格。如果分析中忽略了某些重要的结构模式，这种情况就有可能发生。

2.2　带远程质量的模型

本节将简化分析，并在远程质量特征的协助下排除 PCB 组件。在 SOLIDWORKS Simulation Professional 培训教程中对频率算例已经介绍过远程质量特征。任何作为一个远程质量对待的 SOLIDWORKS 零件或装配体，都将视作将其真实质量属性传递至质心这个单一位置的刚体，之后该位置便通过刚性杆与指定的承载面相连。在保留仿真真实性的前提下，这个特征可以极大地简化模型。

步骤37　新建一个算例

复制算例 "Full model"，命名新的算例为 "Model with Remote Mass"。关联到配置 "Split faces"。

步骤38　爆炸装配体

步骤39　指定远程质量

在零件文件夹下，右键单击零部件 "Cap" 并选择【视为远程质量】。

在【远程质量的面、边线或顶点】域中选择圆形分割面，来自 "Cap" 的质量将通过此面进行传递，它位于 "PCB" 的底面，如图 2-36 所示。

单击【确定】。

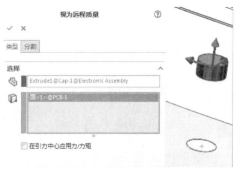

图 2-36　定义远程质量

26

对零部件"Chip"重复这一操作，只是这一次需要选择矩形的分割面用于传递载荷，如图 2-37 所示。

> 提示：注意到【视为远程质量】的 PropertyManager 可以让用户为力的传递而创建分割面，在零部件质心应用更多的力和力矩也是可能的。

步骤 40 更新 PCB 壳体
更新"PCB"壳体的定义，如图 2-38 所示。

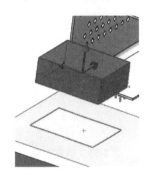

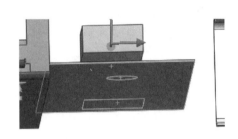

图 2-37 选择分割面   图 2-38 更新壳体定义

步骤 41 更新接触
删除"Chip"、"Cap"和"PCB"之间的接触，更新"PCB"和"Base"之间的接合接触，如图 2-39 所示。

步骤 42 划分网格
采用默认单元的【整体大小】4.42mm 生成【草稿品质网格】，再一次使用【标准网格】，如图 2-40 所示。

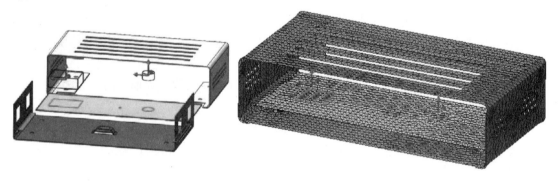

图 2-39 更新接触   图 2-40 划分网格

注意到有两个零部件被视为远程质量，"Chip"和"Cap"没有划分网格。

步骤 43 频率分析
运行 65 个模态对应的频率分析。

> 提示：此处有意使用 65 个模态，因为之前的分析中已经表明这个数字是足够的。

步骤 44 共振频率
列举共振频率，如图 2-41 和图 2-42 所示。通过观察发现某些频率发生了一些改变，而其他的则基本相同。例如，对于导致"PCB"振动的第一个频率就改变了一点，而其他模态

图 2-41　列举模式（一）　　　　　　　　　图 2-42　列举模式（二）

对"PCB"不太敏感，因此受到的影响也小很多。鼓励用户图解显示更多的模式，并比较两个算例的频率结果。

注意　　在不同的建模方法下，自然频率的阶数有可能发生变化，因此，当用户比较频率时，确保模态保持相同是非常重要的。

因为最后一个模式几乎相同，所以在这次求解过程中采用相同的时间步长。

步骤 45　列举质量参与因子

质量参与因子最大值为 0.66，和之前算例中得到的累积数值几乎相等，如图 2-43 所示。

步骤 46　图解显示最后一个模态形状

图解显示数值为 65 的最后一个模态形状，结果如图 2-44 所示。

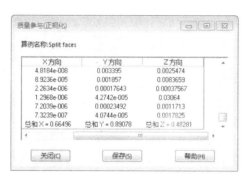
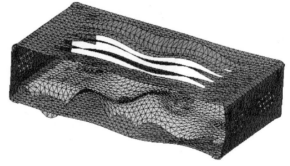

图 2-43　质量参与因子　　　　　　　　　　图 2-44　模式形状

这个模态的空间分辨率是符合要求的。

步骤 47　时间步长及分析持续时间

在算例属性中，验证时间步长和分析的持续时间分别为 5e-5s 和 0.022s。

步骤 48　运行动态算例

步骤 49　位移结果

图解显示第 10 步（0.00905s）的【UX:X 位移】分布，结果如图 2-45 所示。

在第 10 步的位移最大 X 分量的数值为 -0.25mm，可以和之前分析中的同一数量的最大值 -0.25mm 基本相同。

【动画】显示这个图解，以验证结果是否符合预期。

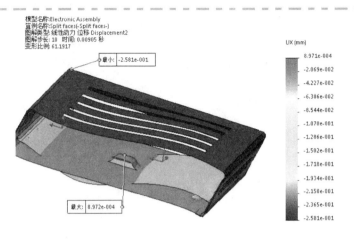

图 2-45　位移结果

> **提示** 　和之前的算例一样，零部件相互穿透非常严重，这是由于放大系数是系统默认指定的。用户可以更改这个数值为【真实比例】（或 1:1），以查看结构变形真实的位移大小，真实的位移要小得多。

步骤 50　加速度结果

设置单位为 g，生成【最大】的【ARES：合加速度】图解，并指定【穿越所有步长的图解边界】，结果如图 2-46 所示。

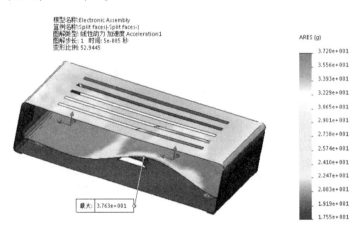

图 2-46　加速度结果

可以看到最终的最大合加速度为 37.6g，在包含两个"PCB"组件的算例中最大合加速度为 37.2g，【二者结果基本吻合】。

总结　本章中，根据标准 MILS-STD-810G 的方法 516.5，分析了电子外壳底座上的冲击运动。

在本章的第一部分，所有零部件都包含在内并进行了网格划分。由于它们的质量和刚度都需要一定的精度，因此需要额外的网格划分。

在本章的第二部分，某些电子组件被模拟为远程质量。使用这个方法可以极大地简化模型，因为对分析很重要的复杂零件和装配体无需划分网格，而且还能保持很高水平的真实性。

本章的理论探讨部分也说明了 SOLIDWORKS Simulation 中阻尼的概念及类型，还详细讨论了时间增量的计算及网格分辨率。

一般来说，如果想要知道电子设备能够经受多大的极限加速度水平，用户需要在模型中将该数值与最大加速度进行比较，以决定如何进行设计。此外，在做出任何结论之前，还要在正负方向应用冲击载荷，多运行 5 次相同的仿真。

提问

- 如何确定动力学仿真中最佳的模式数量？
- 如何保证网格密度足够求解动力学仿真？
- 什么是质量参与系数？如何使用该系数？
- 什么是模态阻尼系数？
- 最大时间步长必须正确离散：＿＿＿＿和＿＿＿＿。
- 远程质量特征（可以/不可以）正确代表质量。
- 远程质量特征（可以/不可以）正确代表质量分布及它的形状。

第3章 支架的谐波分析

3.1 项目描述

分析用于支撑车灯的块状支架的变形和应力，如图3-1所示。作用在支架上的力取决于发动机的转速，见表3-1。

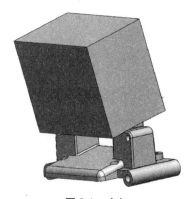

图3-1 支架

表3-1 发动机转速及作用在支架上的力

转速/(r/min)	力/N
0	0
60	4.4
1000	5.8
3000	13.3
5000	15.6
10000	15.6

3.1.1 谐波分析基础

对于分析零部件在简谐振动载荷（如旋转机械）下的响应，谐波分析是一个非常好的工具。

通过指定一个时间相关的载荷（见第1章和第2章），瞬态分析可以提供一个零部件的相关响应。当零部件加载了随工作频率而变化的简谐振动载荷时，谐波分析只提供响应量（位移、速度、加速度、应力等）的大小。因此，谐波分析可以让用户在一个分析中轻松地扫描一系列的工作频率（多个谐波载荷历史）。

在第2章中提到，表示"FEA"模型的一组复杂的共轭运动微分方程被分解并简化为一组独立方程。在解释谐波分析的细节时，用户需要专注于单自由度的振荡器。

3.1.2 单自由度振荡器

单自由度振荡器上加载了简谐的振荡力，它可以由运动方程表示为

$$m\ddot{x} + c\dot{x} + kx = F_0 \cdot \cos\omega t$$

式中，ω 代表力作用下的工作频率，F_0 代表力的幅值（最大值）。从图 3-2 中可以看出简谐力函数的变化，它的解仍然是一个简谐函数，其函数式为

$$x(t) = X \cdot \cos(\omega t - \phi)$$

式中，X 代表幅值，ϕ 代表相位角。可以观察到在频率等于力作用下的工作频率时，零部件会（在一定时间后）发生振动。

响应的最大值 X 可以通过下面的公式得到

$$X = \frac{F_0}{\sqrt{(k - m\omega^2)^2 + c^2\omega^2}}$$

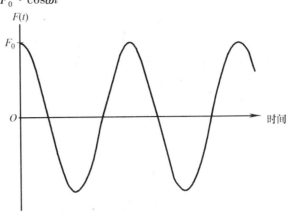

图 3-2   力随时间变化的曲线

因此，在知道操作力参数（F_0 和 ω）及结构特征（k 和 m）时，可以立即计算出结构响应的最大值 X。在谐波分析中指定的输入是 F_0 关于工作频率 ω 的函数，在加载的工作频率 ω 作用下，其结果随最大响应幅值 X 而变化，如图 3-3 所示。

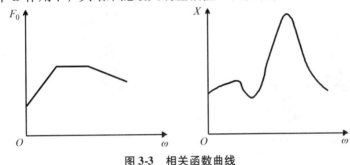

图 3-3   相关函数曲线

3.2   一个支架的谐波分析

本章，将对一个支架完成一次谐波分析。

操作步骤

  步骤 1   打开装配体文件
  打开文件夹 Lesson03 \ Case Study 下的文件 "Bracket Assm"。

  步骤 2   生成谐波算例
  生成一个【线性动力】算例。在【选项】中，选择【谐波】，将此算例命名为 "Harmonic Analysis"，如图 3-4 所示。单击【确定】。

  步骤 3   指定材料
  对零件 "Box" 指定【AISI 1020 钢】，对 "bracket" 指定【PE 高密度】。

  步骤 4   定义远程质量
  "Box" 将在远程质量特征的协助下进行模拟。在【零件】文件夹下右键单击 "Box"，选择【视为远程质量】，选择 bracket 的两个柱形圆孔，作为【远程质量的面、边线或顶点】，如图 3-5 所示。单击【确定】。

图 3-4   定义谐波算例

32

步骤5　应用约束

右键单击【夹具】文件夹，选择【固定铰链】，选择四个柱形圆孔（其轴沿全局 Y 向），如图 3-6 所示。单击【确定】。

步骤6　应用载荷

如图 3-7 所示添加【力】，选择两个柱形圆孔（其轴沿 Z 向）。在【方向】中选择 Top Plane，在【垂直于基准面】方向输入 1N，确保力的方向与图中一致。

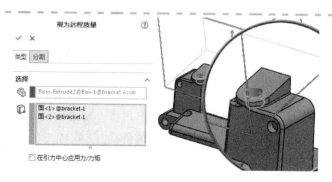

图 3-5　定义远程质量

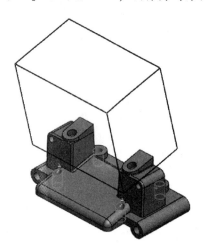

图 3-6　应用约束

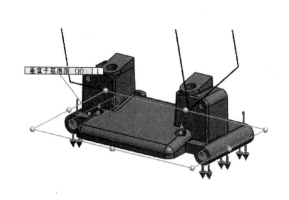

图 3-7　应用载荷

在【带频率的变量】选项组中，选择【曲线】并单击【编辑】按钮，如图 3-8 所示。更改【单位】为 Hz，输入数值，如图 3-9 所示。

图 3-8　编辑曲线

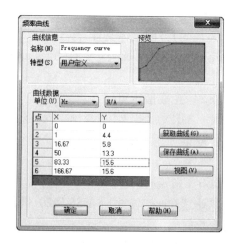

图 3-9　定义曲线

在【频率曲线】对话框和【力/转矩】的 PropertyManager 中分别单击【确定】。

提示　　输入的转速必须转换为 Hz 或 rad/s 作为单位。为了得到以 Hz 为单位的输入数值，需将给定的转速值除以 60。

步骤 7　划分网格

生成【草稿品质】的【基于曲率的网格】，将【最大单元大小】和【最小单元大小】分别指定为 1.5mm 和 0.3mm，【圆中最小单元数】为 8，【单元大小增长比率】为 1.6，结果如图 3-10 所示。

提示　　远程质量无需划分网格。

步骤 8　指定算例属性

右键单击谐波算例并选择【属性】，在【频率选项】选项卡中，【频率数】保持默认数值 15，解算器指定【Direct sparse】，如图 3-11 所示。

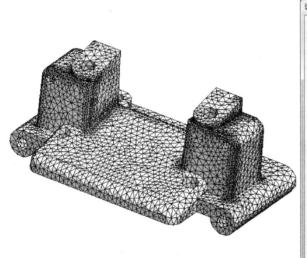

图 3-10　划分网格　　　　　　　　　　　图 3-11　指定算例属性

提示　　当使用远程质量时，由于 FFEPlus 解算器可能遇到收敛问题，因此推荐使用 Direct sparse 解算器。

步骤 9　指定谐波选项

单击【谐波选项】选项卡，在【工作频率限制】中设置【单位】为【周期/秒 (Hz)】，【下限】为 0，【上限】为 166，如图 3-12 所示。

步骤 10　指定高级选项

单击【高级】选项卡，在【每个频率的点数】中输入 15，在【每个频率的频宽】中输入 0.4，保持默认的【插值】为【对数】，如图 3-13 所示，单击【确定】。

图 3-12　指定谐波选项　　　　　图 3-13　指定高级选项

谐波算例将求解所有包含在要求的频率范围（本例中为 0～166Hz）内的自然频率点，为了正确地扫描整个要求的频率范围，还需要更多的频率点，通过高级选项中的参数对额外频率点的数量和分布进行辅助控制。

【每个频率的点数】：每个频率都由指定数量的额外点围绕。

【每个频率的频宽】：在额外点分布的地方，这个参数用于控制围绕每个频率的频宽。

【插值】：控制额外频率点的间隔。

关于这些参数的更多信息，请参考 SOLIDWORKS Simulation 的帮助文档。

步骤 11　运行频率

步骤 12　列举共振频率

通过观察发现有两个频率（55.6Hz 和 158.2Hz）落在要求的工作频率范围（0～166Hz）内，如图 3-14 所示。

步骤 13　列举质量参与因子

【质量参与因子】的总和值远高于推荐的数值 0.8，如图 3-15 所示。

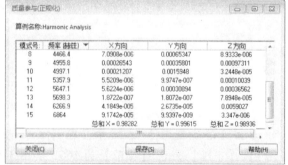

图 3-14　列举模式　　　　　图 3-15　质量参与因子

步骤 14　图解显示更高的模态形状

图解显示更高的（第 15 个）模态形状，结果如图 3-16 所示。最高的模态对应的离散是正确的。

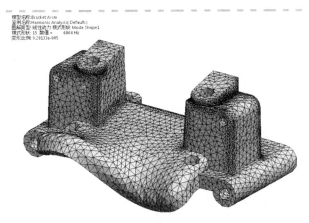

图 3-16　网格分布

步骤 15　指定阻尼

定义【模态阻尼】，对所有 15 个模态指定【阻尼比】为 0.03。

步骤 16　结果选项

在【结果选项】中，保留默认设置，所有频率计算点将保留所有模式下完整的结果。

提示　　如果问题规模变大，或频率点数增加，对存储空间的需求可能也会急剧上升。

步骤 17　运行算例

步骤 18　位移结果

对最后一个频率步骤图解显示合位移。在【零部件】中选择【URES：合位移】，在【单位】中选择 m，如图 3-17 所示。确保【图解步长】显示的为分析中计算的最后一个步骤，结果如图 3-18 所示。注意到工作频率最大位移的上限非常小。

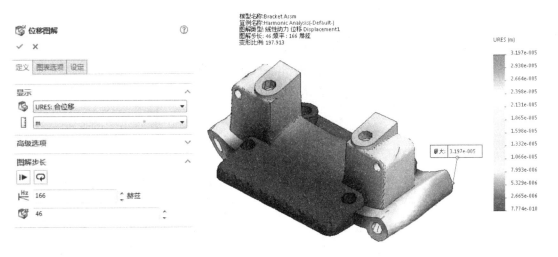

图 3-17　定义位移图解　　　　　　　图 3-18　位移图解（一）

步骤 19　探测位移

在图 3-19 所示的拐角顶点探测位移，这个位移非常接近附着零部件的位移。

步骤 20　图解显示响应图表

在【报告选项】中单击【响应】按钮。图 3-20 所示的【响应图表】显示了在工作频率下这个位置各种数值的位移大小，注意到最大位移发生在第一个共振频率 55.6Hz 处，在第二个共振频率 158.2Hz 处没有很大的位移。

36

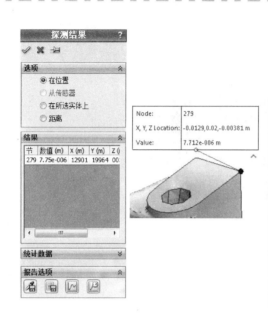

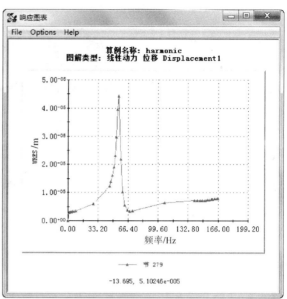

图 3-19　探测位移　　　　　　　　　　　　　图 3-20　响应图表

步骤 21　位移结果

当工作频率与第一个自然频率一致时，图解显示其合位移，如图 3-21 所示。

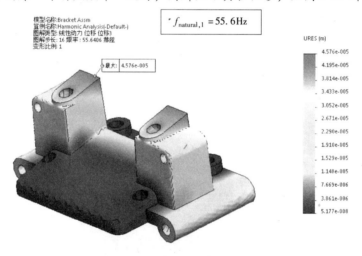

$$f_{\text{natural},1} = 55.6\,\text{Hz}$$

图 3-21　位移图解 (二)

当工作频率为 $55.6\,\text{Hz}$ 时，最大位移的大小为 $4.576 \times 10^{-5}\,\text{m}$。查看位移大小的一个好方法是对所有频率步长使用一个封装图解。

步骤 22　所有频率位移图解

编辑任何一个位移图解，单击【图解步长】下的【穿越所有步长的图解边界】按钮，如图 3-22 所示。

穿越所有频率步长的最大合位移大小，真实发生在工作频率与第一个自然频率 $55.6\,\text{Hz}$ 重合时。

步骤 23　应力结果

对【von Mises 应力】，要求显示【穿越所有步长的图解边界】的图解。设定【变形形状】为【真实比例】，如图 3-23 所示。

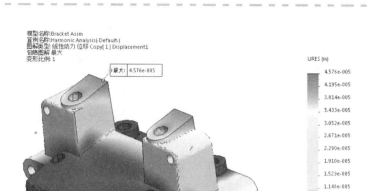

图 3-22　穿越所有步长的位移图解

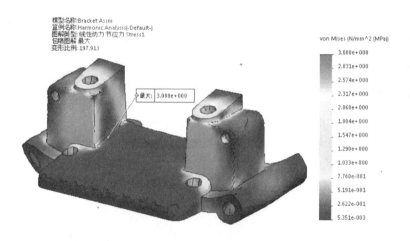

图 3-23　穿越所有步长的 von Mises 应力图解

在给定工作频率的范围内，模型中的最大应力为 3MPa。虽然这个数值低于抗拉强度
22.1MPa，但接近强度极限并不安全。用户可能希望将应力限制到一个更小的数值，同时，
因为应力最大值发生在支撑位置，可能需要采用更好的建模方法，以获取更加真实的应力
结果。

总结　本章使用谐波分析计算了简谐力作用下车灯支撑用支架的响应大小。在每个工作频率下，
作用力都显示了不同的大小（本章开始的表格中显示了相关内容），最大的结构响应发生在力作用下的
工作频率与支架的其中一个自然频率重合时。为了模拟附着零部件的效果，使用了远程质量。临界响
应幅度发生在第一个自然频率 55.6Hz 处。

提问
- 谐波分析（会/不会）假定以振荡的方式加载振荡。载荷振幅（可能/不可能）随时间衰减。
- 谐波分析的输入（是/不是）载荷变动与时间的函数。
- 谐波分析的输出（是/不是）最终振幅变动量与时间的函数。
- 在谐波分析中载荷（是/不是）表示为在变化的加载频率下的振幅，输出（是/不是）只表示在
相同频率下最终的振幅大小。

第4章 响应波谱分析

学习目标

- 分析物体在波谱形式载荷作用下的最大响应
- 运行响应波谱分析

4.1 响应波谱分析

到目前为止，已经介绍了瞬态分析和谐波分析。在瞬态分析中，计算的是随时间承受某些载荷（曲线）的整个结构响应。用户可以设想一下，考虑到载荷的复杂性和求解过程中使用的自然频率数，时间步长要求进一步减小，使得载荷变得越来越复杂，从而导致瞬态分析可能非常耗时。

有时，用户可能只想知道结构的峰值响应，而不是针对整个时间历史的解。在这种情况下，用户可以使用响应波谱分析，相对瞬态分析而言，它需要的时间更少，同时还可以提供某些瞬态载荷下的敏感细节。

4.1.1 响应波谱

响应波谱分析的输入是响应波谱，它被定义为单自由度振荡器相对于自然频率的最大（峰值）响应。

为了构建响应波谱，用户需要随时间变化的瞬态加速度载荷，激发加速度在一定质量和刚度下受制于单自由度的振荡器。如果知道振荡器的质量和刚度，便可以知道它的频率，然后测量振荡器的峰值响应（一般为加速度），这给用户提供了响应频率上的一个数据点。峰值响应绘制在 y 轴，而振荡器的自然频率绘制在 x 轴。

如图 4-1 所示。然后对不同自然频率的振动器重复这个过程，再次测量相同瞬态载荷下的峰值响应，

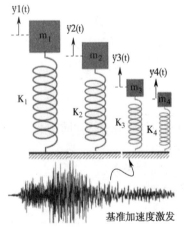

图 4-1 响应曲线

并在响应波谱的基础上绘制图解。用户必须事先手动完成这个步骤，因为在分析中需要输入响应波谱。

4.1.2　响应波谱分析过程

单自由度的振荡器只有一个自然频率。通过计算响应波谱，可获得大量不同单自由度振荡器下的峰值响应。

一个有限元模型含有很多自由度以及很多自然频率，每个自然频率可以参与求解，而且参与的程度取决于加载的方向。拥有载荷下的响应波谱信息（在所有自然频率下的峰值响应），可以计算结构中所有自然频率响应的总和，以得到结构的峰值响应，这也是程序在响应波谱分析所做的操作。

4.2　项目描述

本章将对一个电路板在一次非破坏性的抛投中进行响应波谱分析，如图4-2所示。当抛投落地时，电路板将受到一次冲击载荷。安装一个加速度计固定在电路板的安装位置并运行一个测试，测量瞬态加速度的数据，然后使用上面描述的方法将瞬态数据转换为一个响应波谱，响应波谱将作为分析的输入。下面将使用响应波谱分析来研究这个冲击载荷作用下结构的峰值响应。

图 4-2　测试模型[⊖]

操作步骤

步骤 1　打开装配体文件

打开文件夹 Lesson 04 \ Case Studies 下的文件 "payload"。

步骤 2　配置

确认激活的配置为 "board only"，在这个配置中已经压缩了电池组。为了便于分析，假定电路板刚性地连接到电池组上，电池组的刚度远远高于电路板，假定仿真中得到的载荷数据来自电路板固定在电池组的位置。

步骤 3　定义算例

定义一个【线性动力】，【响应波谱分析】算例，并取名为 "SRS"。

 提示　　"SRS" 代表的是冲击响应波谱，波谱来自一个瞬态冲击载荷。

步骤 4　材料

所有的材料属性自动从 SOLIDWORKS 传递过来，"board" 由一个壳体模拟，其厚度为 0.5mm。

步骤 5　全局接触

确认全局接触的条件被设定为【接合】。

步骤 6　添加夹具

在电路板连接电池组的背面，指定一个【固定几何体】的夹具，如图4-3所示。

这个夹具假定电池组相对电路板而言非常牢固，而且这也是输入基准激发的位置，因此假设这就是数据采集的位置。

步骤 7　划分网格

采用默认设置划分模型网格，使用【基于曲率的网格】，如图4-4所示。

步骤 8　设置算例属性

设置算例属性，计算75个频率数用于分析。

⊖　测试模型图片来自 TASER International。

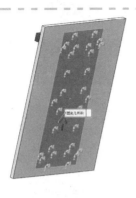

图 4-3   添加夹具

图 4-4   划分网格

步骤 9   运行频率分析

步骤 10   列举共振频率

列举共振频率，如图 4-5 和图 4-6 所示。

图 4-5   列举模式（一）

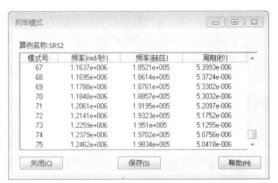

图 4-6   列举模式（二）

步骤 11   列举质量参与因子

列举【质量参与】因子，如图 4-7 所示。可以看到，在 Y 方向达到了推荐的质量参与总和值 0.8，但我们要记住这并不能保证所有重要的模态都包含在模型中。

步骤 12   图解显示最后的模态形状

对模态形状 75 生成一个图解，如图 4-8 所示。图解的形状非常光滑平顺，网格的结果符合要求。和其他动态仿真一样，结果在很大程度上取决于网格的质量。有时需要重新划分网格并重新计算，确保频率的结果不会显著受到网格的影响。

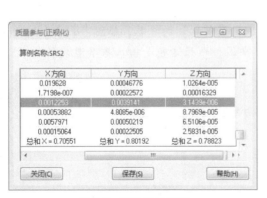

图 4-7   质量参与因子

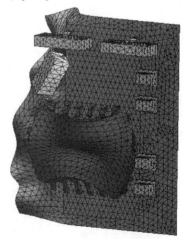

图 4-8   最后的模式形状

步骤 13　基准运动

在【外部载荷】下，指定【统一基准激发】的【加速度】在 Y 方向的大小为 1g，如图 4-9 所示。

【带频率的变量】选择【曲线】，单击【编辑】按钮并指定如图 4-10 所示的数据点，确保【单位】设置为 Hz，单击两次【确定】。

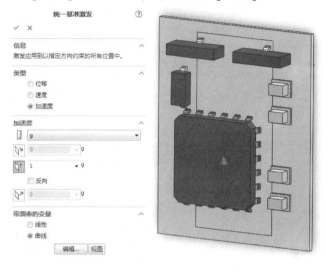

图 4-9　定义基准激发

图 4-10　编辑曲线

4.2.1　响应波谱输入

输入的响应波谱曲线来自实验的测试数据。在芯片固定的位置加装了一个加速度计，运行一次跌落测试实验，采集实验数据，并在软件中作为输入处理为响应波谱。当生成响应波谱时，最好使用代表激励结构的真实载荷条件的实验数据。如果没有数据可供参考，用户可以参照标准 MILS-STD-810F，对一般的载荷条件采用样例曲线。

实验曲线及用于输入的曲线以图表的形式绘制如下，如图 4-11 所示。

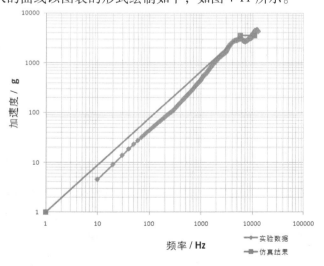

图 4-11　参考曲线[⊖]

⊖　参考曲线图片来自 TASER International。

步骤 14　定义算例属性

右键单击算例名称并选择【属性】，选择【响应波谱选项】选项卡，设置【模式组合方法】为【平方的平方根和】，设置【曲线插值法】为【对数】，如图 4-12 所示。

图 4-12　定义算例属性

4.2.2　模态组合方法

模态组合方法用于定义每个模态的响应如何相加，以计算输入激励的峰值响应。每个模态都有几个发生在某些时间节点的峰值响应，为了获取总体的峰值响应，所有单个模态的响应必须求和并包含在结果中。在 SOLIDWORKS Simulation 中，提供了四种不同的方法来组合一个结果的峰值，设计者应该自行指定分析中使用的模态组合方法。

- 平方的平方根和（SRSS）。该方法取最大响应平方的平方根之和。
- 绝对值和。该方法假定最大响应发生在相同的时间节点，这是最大响应的一个简单求和，一般用于提供相当保守的结果。
- 完整二次方组合（CQC）。该方法基于随机振动理论，被认为是"SRSS"方法的改进版本，尤其是针对相隔很近的模式。
- 海军研究实验室（NRL）。该方法用于移开所有模态的峰值响应，并将其添加到所有其他模态的"SRSS"中。

步骤 15　运行算例

运行这个算例。

步骤 16　位移结果

图解显示合位移。最大位移发生在远离夹具的电路板边缘，如图 4-13 所示。

步骤 17　加速度结果

图解显示合加速度，如图 4-14 所示。可以看到，峰值加速度发生在电路板的边缘。

步骤 18　应力结果

图解显示 von Mises 应力，如图 4-15 所示。最大应力 38.23MPa 发生在陶瓷小芯片上，将这个数值和材料的屈服强度进行对比，以判断材料是否失效。

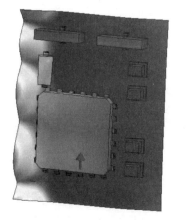

图 4-13　合位移结果

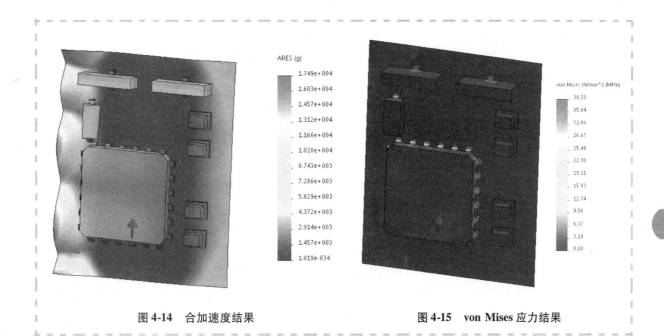

图 4-14　合加速度结果　　　　　　　　　　图 4-15　von Mises 应力结果

总结　在本章中，对一个电路板在一次非破坏性的抛投中进行响应波谱分析，计算了电路板抛投跌落时的峰值响应，从相关实验中获取的数据作为响应波谱曲线输入到软件中。学习了响应波谱是如何生成的，以及如何获得最终解，还讨论了 SOLIDWORKS Simulation 中提供的不同的模态组合方法。推荐用户尝试不同的模态组合方法，以观察结果是如何受到影响的。通常来说，设计者需要自行指定模态组合方法。

对设计的完整性下一个结论是很困难的，通常来讲，电子设备能够承受的最大加速度是已知的，电路板某些部件的折断也可能发生失效。为了对设计下一个结论，用户应该提前知道失效的模式。

提问

● 在 SRS 分析中，输入（是/不是）作为加载频率下载荷大小的函数输入的。

● SRS（冲击响应谱）和 VRS（振动响应谱）（可以/不可以）代表给定载荷下单自由度系统的最大响应。

第 5 章　基于 MIL-STD-810G 的
随机振动分析

学习目标

● 运行随机振动分析
● 理解随机振动分析的输入和输出

5.1　项目描述

　　保护电子设备的货柜被安装在轮船甲板上，如图 5-1 ~ 图 5-3 所示。本章将参照 MIL-STD-810G 中方法 514.5 的测试标准，分析货柜遭遇随机振动时的性能。测试的结果可以用于检验可能出现的危险设计区域，以及固定在货柜上电子外壳的随机输入水平。分析中的模型包含三个电子外壳，以箱体模型的方式附着在内部货架上。质量及其他相关信息将会在本章中详细说明。

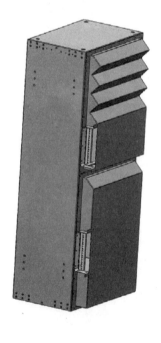
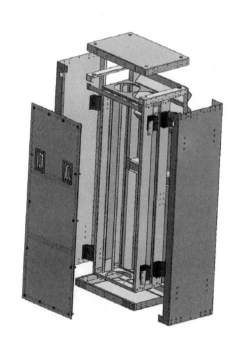

图 5-1　货柜（一）　　　　　图 5-2　货柜（二）　　　　　图 5-3　货柜（三）

操作步骤

  步骤1　打开装配体文件

  打开 Lesson05 \ Case Study 文件夹下的文件 "300series"，如图 5-4 所示。请注意装配体已经被简化过了，大量不必要的细小螺栓和定位孔都被压缩起来，以简化分析的网格划分及计算。

  步骤2　简化并查看模型

  分析前面板（front panel）零部件，该面板以滑销的方式连接到余下的组件中，它并不能提供足够的刚度。因此，在分析中可以将前面板拿掉，而它的质量将采用分布的质量特征来替代。确认配置【no front panel】处于选中状态。

> ⚠️
> **注意**　　　前面板及其他次要零部件都已经被压缩，代表电子外壳的三个箱体被固定在货柜内部的竖直货架上，如图 5-5 所示。假定外壳非常坚固，每个质量均为 54kg，其余典型的有效载荷大约为 180kg，将采用分布质量特征来进行修改。

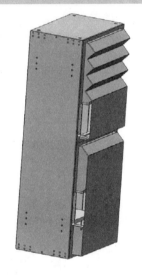

图 5-4　简化模型   图 5-5　内部细节

  步骤3　随机振动算例

  动力学算例 "Dynamics-random" 已经事先定义完毕。

  步骤4　查看壳特征

  钣金零部件被视为壳体模型，检查相对应的壳特征，橡胶垫和类似直角铁之类的小零件被视为实体模型。

  步骤5　查看材料

  除了橡胶垫之外，所有零部件都由 5052-H32 铝合金制作而成，橡胶垫则由 Neoprene 制作而成。在这个仿真中直接使用了数据库中的橡胶材料，所有材料已经事先指定完成。

  步骤6　查看设备厚度

  查看指定给设备壳特征的厚度。5052-H32 铝的弹性模量和 25mm 的厚度能够保证足够高的刚度。

  步骤7　划分网格

  用【草稿】品质的单元划分模型网格，并采用以下【基于曲率的网格】参数：

最大单元大小：65mm。

最小单元大小：15mm。

圆中最小单元数：6。

单元大小增长比率：1.5。

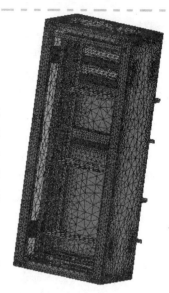

一共有三个壳特征连接到"Inner cage"的"EIA RAIL"零部件中。为了简化分析，带有相应厚度的更小质量的壳网格特征（对这些特征指定非常小的质量）被用来近似替代电子外壳，并赋予零部件更高的刚度。然后，外壳的质量将由分布质量的特征进行模拟。最后，外壳的质量将由分布质量特征体现，如图5-6所示。

图5-6　划分网格

步骤8　接触

在【连接】文件夹下已经定义了多个【接合】类型的接触。查看这些面组，熟悉一下在复杂装配体中混合接触的定义。

因为随机振动分析在本质上是一个稳态类型，它需要接触刚度矩阵而不允许【无穿透】的接触，所以这里没有使用【无穿透】的接触。无穿透的接触意味着模型的刚度有可能随着接触条件的改变而发生变化，这个理论的限制并不是一个严重问题，因为通常不需要使用【无穿透】接触，选择【接合】或【允许穿透】的接触假设已经足够了。

步骤9　加载约束

对"BASE WELDMENT"的10个开口圆柱面指定【固定几何体】的夹具。

技巧：用户可以使用爆炸视图，以方便定义边界条件，如图5-7所示。

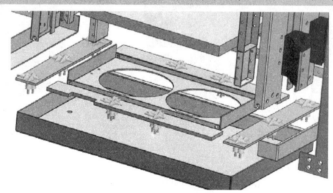

图5-7　爆炸视图

提示：用户应该选择开口的面，而不是边界。零部件"BASE WELDMENT"是采用实体单元进行模拟的。

步骤10　Equipment 壳体特征

前面提到，代表刚体附件（Equipment1~3）的更小质量的壳体特征，由于它们的刚度贡献而显得尤为重要。为了减小这些壳体特征的质量参与度，它们的材料质量密度需要设置为一个非常低的值。

查看Equipment的壳体特征的材料并确认它们的质量密度为 $10kg/m^3$，大约是用于制造箱体部件的5052-H32铝合金材料的1/200，如图5-8所示。

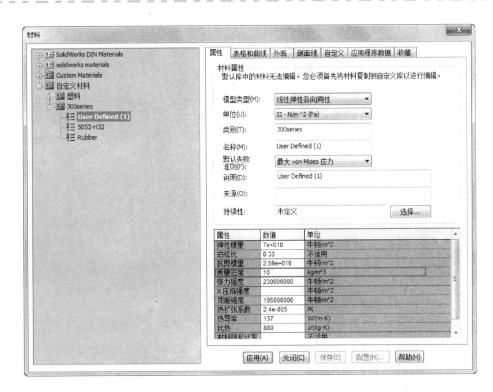

图 5-8　定义材料

5.2　分布质量

分布质量是简化动态分析的第二个特征，它通过将未包括零部件的质量均匀地作用在所选承载面的方式来降低包括零部件的数量（第 2 章中介绍了远程质量）。与远程质量特征相反，在仿真过程中未包括零部件不模拟其刚度。

步骤 11　定义电子外壳的质量

对代表电子外壳的三个壳体特征指定 162kg 的【分布质量】，如图 5-9 所示。

步骤 12　定义其他有效载荷质量

对 EIA RAILS 的前后 8 个竖直面加载 180kg 的【分布质量】，如图 5-10 所示。

步骤 13　前面板质量

对零部件 "CORNER POST RIGHT" 和 "CORNER POST LEFT" 的两个前竖直面加载 10kg 的【分布质量】，如图 5-11 所示。

步骤 14　频率分析

运行 65 个模态的频率分析，使用 FFE-Plus 解算器。

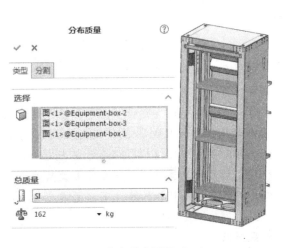

图 5-9　定义分布质量（一）

SOLIDWORKS® Simulation Premium 教程（2017 版）

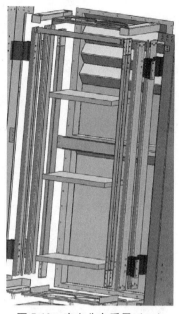

图 5-10　定义分布质量（二）

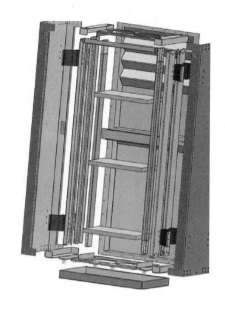

图 5-11　定义分布质量（三）

提示 使用 FFEPlus 解算器求解该问题会更快一些。

步骤 15　列举自然频率

最低和最高共振频率分别约为 4.9Hz 和 103.71Hz，如图 5-12 和图 5-13 所示。

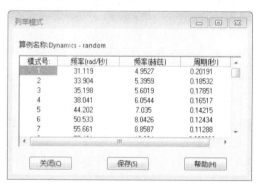

图 5-12　最低共振频率

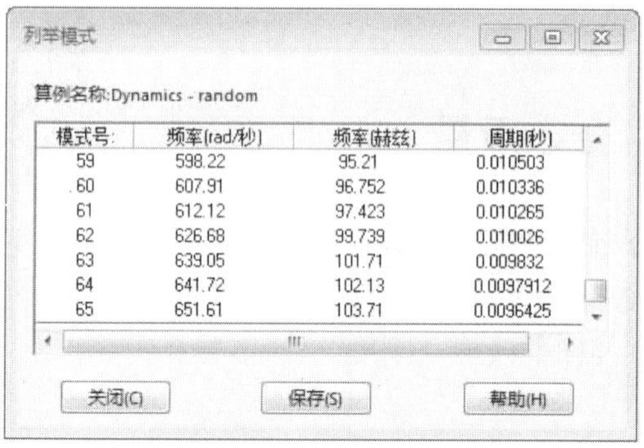

图 5-13　最高共振频率

步骤 16　列举质量参与因子

图 5-14 中显示的质量参与因子的累积数值推荐对每个方向采用 0.8 的值。在第 2 章已经讨论过，数值 0.8 并不能确保拥有足够的模态用于动力学分析，而且也并不一定需要达到这个数值。判断动力学分析结果的最好方法是确保离散化模型的网格足够精细，并且采用最高的自然模态。同时，在有可能的情况下，通常应当采用更精细的网格和更高数量的模态重新运算，以验证结果是收敛的。

步骤 17　图解显示第一个自然模态形状

和预期的一样，在第一个自然模态形状中，

图 5-14　列举质量参与因子

"Inner cage" 在弹性装置作用下上下振动,几乎与 "Outer cage" 没什么关联。用户也可以用动画显示这个模态形状,如图 5-15 所示。

步骤18　图解显示最后一个自然模态形状

图解显示并核实一些靠后的模态形状被充分离散,图 5-16 所示为最后的一个模态,对应模态#65。

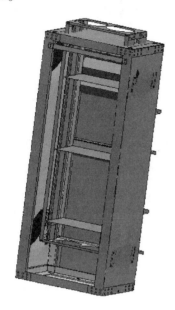 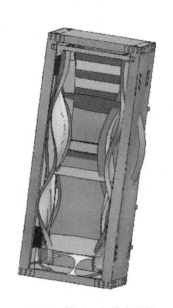

图 5-15　第一个模态形状　　　　　　　　图 5-16　最后一个模态形状

提示

在这个(或任意其他的)模态形状图解中,零部件发生了相互穿透,并不意味着物理穿透。这是由图解的放大比例引起的,该比例用于放大位移,从而导致看上去发生了相互穿透的效果。

步骤19　验证接合的接触条件

强烈建议用户使用模态形状图解来验证接合的接触,当分析带多个接合条件的复杂混合网格模型时尤其适用。用户很容易忽略掉一些接合条件,从而产生不正确的结果。粗略地看一遍之后,图解显示几个模态形状,并进行动画演示。然后,通过观察动画来验证接合的条件能够正确起作用,不会发生两个零件或界面分离的事件(这是结果错误或缺失接合条件的一个信号)。

提示

当创建一个复杂的静态应力分析模型时,也可以使用这个有效的步骤。用户必须将所有应力分析特征复制到频率算例中,最终的模态形状将说明潜在的问题。

5.3　随机振动分析

随机振动分析求解动力学问题,其关联的载荷很难(或不可能)使用普通的数学方程式来描述,这样的载荷被称为不确定的,图 5-17 所示为载荷时间关系曲线图(载荷历史曲线)的样例。

由于确切地描述载荷时间关系曲线图非常困难或不可能,因此通常使用它的统计特征来进行表示。

下面将一般性地介绍随机载荷时间关系曲线图的假设:

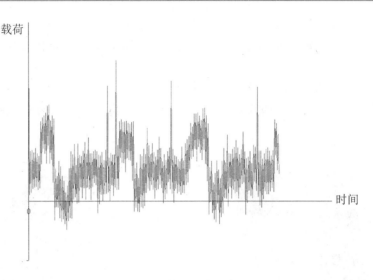

图 5-17　载荷历史曲线

1. 稳定的随机载荷　当统计特征不随时间发生变化时，随机载荷是稳定的。这个假设的推论是，任意部分的载荷时间历史，可足够获得整个载荷正确的统计特征。图 5-18 所示为稳定的随机载荷历史曲线。

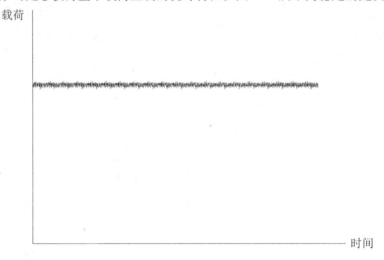

图 5-18　稳定的随机载荷历史曲线

稳定载荷的假设并没有带来太大的困难，因为从工程的角度来讲，一个随机载荷历史的任意部分都可以假定为稳定的。例如，飞机的起飞、巡航和降落代表了飞行过程中三个不同的载荷历史，但在很长的一个时间段内，每一个环节都可以分别视为稳定的。

2. 随机载荷时间关系曲线图满足高斯概率分布　图 5-19 给出了一个典型的高斯概率分布的贝尔曲线的例子。

在随机振动理论中使用的基本统计特征如下

- 平均值：$m = \dfrac{1}{T}\displaystyle\int_0^T x(t)\,\mathrm{d}t$

- 方均根值：$RMS = \sqrt{\dfrac{1}{T}\displaystyle\int_0^T x^2(t)\,\mathrm{d}t}$

- 方差：$\sigma^2 = RMS^2 - m^2$

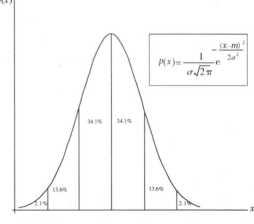

$$p(x) = \frac{1}{\sigma\sqrt{2\pi}}e^{-\frac{(x-m)^2}{2\sigma^2}}$$

图 5-19　随机载荷历史曲线

● 标准差：σ

之前的载荷时间关系曲线图得到的平均值是一个常数，可以使用传统的静态应力分析方法进行处理，因此在随机振动分析中没有必要这样做，需要将其从随机载荷历史中去掉。可以得到一个重要的结论，当设置 $m = 0$ 时，方差和标准差之间的关系式为

$$\sigma = RMS$$

RMS 是从随机振动分析中获取的两个主要结果量之一。从上面的公式可知，它代表最终幅值（位移、速度、加速度或应力）的一个标准方差（1σ）。

5.4　功率谱密度函数

由于随机载荷不能在时间域中完全求解，它将通过使用傅里叶变换传递到频率域中，这样将放松关于周期的信息，但是会获取载荷信号的频率内容信息。如此分散的信号随后可用于随机振动分析的输入，和谐波分析类似，随机振动分析将在频率域中执行。

由于傅里叶变换在数学上的限制，上面提到的步骤没有办法直接应用，但是，作为一个替代的方案，可以使用时间载荷历史首先构建一个所谓的自动相关函数。然后，这个自动相关函数的傅里叶变换会产生一个关于功率谱密度（PSD）的函数。功率谱密度还提供了载荷信号频谱的所有信息，并被用作随机振动分析的直接输入。

根据测量载荷信号的类型，可以输入位移、速度或加速度的功率谱密度。由于检测设备（振动床）的物理限制，通常并不使用速度或位移的 PSD；工业标准一般使用加速度的 PSD 作为输入载荷描述。

1. 获取功率谱密度函数　功率谱密度函数被用作随机振动分析的输入。如果用户可以提供测量数据（位移、速度或加速度），则可以使用现有的商业软件来获取功率谱密度，然而，在很多情况下，测量数据并不容易得到。用户有义务提供相关的 PSD 输入数据，通常情况下，设计师必须满足相关的参考标准。本章中将演示一个非常普通的例子，即模拟一个轮船甲板上固定的柜子。这类设计通常必须通过 MIL-STD-810G 标准进行测试，在本章中也使用该标准。

2. 功率谱密度的单位　功率谱密度的单位为

$$\frac{(\text{Units of Quantity})^2}{\text{Units of Frequency}}$$

对于加速度 PSD，可以使用下面的单位及英制 EPS 单位系统换算

$$1\left[\frac{g^2}{Hz}\right] = 386.4^2\left[\frac{(in/s^2)^2}{Hz}\right] = \frac{386.4^2}{2\pi}\left[\frac{(in/s^2)^2}{rad/s^1}\right]$$

在公制系统中，将采用下面的单位换算

$$1\left[\frac{g^2}{Hz}\right] = 9.81^2\left[\frac{(m/s^2)^2}{Hz}\right] = \frac{9.81^2}{2\pi}\left[\frac{(m/s^2)^2}{rad/s^1}\right]$$

描述加速度 PSD 的最常用单位是 $\frac{g^2}{Hz}$，它还同时消除了对单位系统的相关性。

功率谱密度被用作输入量，另外，速度、加速度和应力这些输出量也同等重要。功率谱密度和振幅的标准差数值是随机振动分析中最重要的两个输出量。

步骤20　加载 PSD 加速度
根据 MIL-STD-810G 的方法 514.5，对于固定在舰船环境下随机振动的功能合格测试，将经受图 5-20 所示的加速度 PSD。

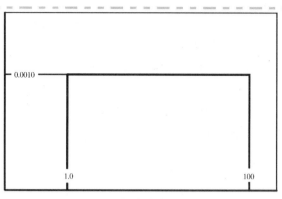

图 5-20 加速度 PSD 曲线

> **注意**　体现结构最高自然模式下的频率为 103Hz，通常情况下应该大于最高的载荷重要频率 – 100Hz。

加载频率的范围在 1 ~ 100Hz 之间，体现舰船上典型材料在特定范围内经受加速振动。

在全局 X 方向指定【统一基准激发】。在【类型】中选择【加速度】，指定单位为 $g^2/$Hz，如图 5-21 所示。单击【编辑】按钮，输入指定的加速度 PSD 曲线数据，如图 5-22 所示。

图 5-21 定义基准激发

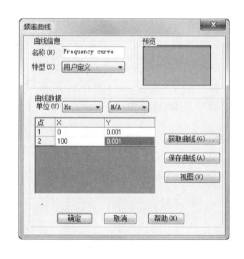

图 5-22 编辑曲线

> **提示**　确定频率的单位设定为 Hz。

5.5　加速度 PSD 的总体水平

功率谱密度函数用于表示随机振动分析中确定的随机载荷。它不仅提供输入信号（加速度）的频率组成信息，还直接提供振动输入的总体水平信息。输入信号的总体水平可以通过整合所需频率范围的 PSD 曲线获得。由于大多数输入的 PSD 曲线都在 $g^2/$Hz 的单位下指定，因此总体水平将采用单位

gRMS（加速度输入信号单位 g 的标准差）进行表达，经常采用符号 GRMS 来表示。

在本例中，对输入的 PSD 曲线进行积分（步骤 20）将得到输入振动的总体水平等于 0.315GRMS。

5.6　分贝

通常情况下，指定的输入 PSD 值或总体水平的输入信号根据分贝（dB）的单位增加或减小。新的数值由以下公式计算：

如果 PSD 曲线的单位为 g^2/Hz 时

$$新的数值 = 老的数值\left(10^{\frac{\Delta dB}{10}}\right)$$

如果输入信号的总体水平的单位为 GRMS 时

$$新的数值 = 老的数值\left(10^{\frac{\Delta dB}{20}}\right)$$

ΔdB 代表 PSD 曲线数值或总体水平在分贝单位下的增加或减小量。

步骤21　设置阻尼

对所有 65 个模态指定模态阻尼为 0.025。

步骤22　结果位置

由于期望输出量的极值出现在自然频率的位置，因此只需要存储这些位置的完整数据。检查一下定义这些位置的传感器，所选顶点表示重要的位置，即电子装备或其他设备可能安装的地方。同时，还选择了内外柜的位置，以分析柜子结构的输出特征，如图 5-23 所示。

步骤23　设置结果选项

在【保存结果】下方，选择【对于所指定的解算步骤】。在【解算步骤-组 1】下方，输入开始、结束及增量数值，如图 5-24 所示。在【数量】下方，保持默认的选择，所有数值会被相应地保存。

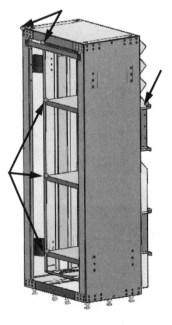

图 5-23　传感器位置

图 5-24　设置结果选项

提示 　　　【开始】、【结束】及【增量】参数的数值将取决于下一个步骤，即在算例属性中指定的【频率点数量】的参数。

　　对于大的模型及更高数量的频率数据点，需要更大的数据存储空间。PSD 应力的选择在很大程度上提高了对磁盘存储空间的要求。

　　在【图表的位置】下方，选择图 5-24 所示的位置来绘制 PSD 结果，所有频率步长的完整数据保存在这些位置中。

步骤24　定义算例属性

　　在算例属性中，单击【无规则振动选项】选项卡，指定单位为【周期/秒（Hz）】。设定激振频率的【下限】和【上限】分别为 0 和 100Hz，在【频率点数】中输入 5，在【关系性】中选择【完全相关】，如图 5-25 所示。

注意 　　一般而言，【频率点数】的值不应该设得太低，因为它直接影响 RMS 结果的精度，此处使用的数值为 5，应当被认定为此类分析的最小值。

步骤25　设置高级选项

　　单击【高级】选项卡，【方法】选择【标准】，【高斯积分顺序】选择 2-pt，【偏置参数】选择 0，【交叉模式切断率】保持为默认值 10 000 000 000，如图 5-26 所示。

图 5-25　定义算例属性　　　　　　　　图 5-26　设置高级选项

5.7　随机算例属性

　　对这个随机算例指定下列参数：

　　【单位】，【上限】，【下限】：指定单位及加载 PSD 曲线的界限。在某些情况下，指定考虑范围中的上限和下限有可能小于 PSD 曲线的频率界限。

【频率点数】：频率点数的数量可以指定每两个相邻自然频率点之间有多少个点会被考虑在分析中。因为像加速度、位移、速度或应力这些输出量的极值发生在自然频率点，这些频率点会被自动作为数据点。这个参数的数值不应该设得太低，它会影响 RMS 结果的精度。

【相关性】：定义了在求解过程中有限元模型的节点之间需要多大的关联。一般推荐使用【完全相关】选项，只有当系统的计算能力不足时，才考虑使用【完全不相关】选项。【部分相关】选项使用的频率不高，只建议高级用户使用。

5.8 高级选项

1. 方法 【方法】包含下列选项：
- 标准：将执行完整的随机振动求解。通常情况下应该采用该选项，除非计算能力不足。
- 近似：该方法假定激振数量的 PSD 为局部常数（例如，每个模型都以一个不同的量级在一个白噪声下激振）。只有当系统的计算能力不足且输入的 PSD 类似于局部的白噪声时，才应该采用该选项。本例中的输入 PSD 便是一个很好的例子，因为在整个考虑的频率范围内它都保持为常量。

2. 偏置参数 这个参数定义了频率点数选项中指定的频率点是如何分布的。数值 1 可以确保数据均匀分布，任何大于 1 的数值将推动点移至自然频率数据的位置，这个参数的典型数值为 2。

3. 交叉模式切断率 非常大的频率间隔对应的模式可能不会引起显著的相互影响。频率比率大于该参数值的两个模式将被认为是无交互的，建议将数值保持为默认的数值 10 000 000 000。

4. 高斯积分顺序 结果数量的 RMS（如位移的 RMS 值）通过对结果 PSD 函数（如位移的 PSD）进行数值积分获得，该选项可以让用户选择积分顺序。选择较高的数值代表更高的精度，但是也会降低性能。

> **步骤 26 运行分析**
> 完成这个分析大约需要 25min。

5.9 RMS 结果

均方根（RMS）结果提供了输出幅值（来自位移、速度、加速度、应力等）的等级信息。假定平均值 $m=0$，RMS 直接等于输出量的一个标准差（1σ）。

RMS 不会提供任何输出量发生振荡处的频率信息，因此也不会提供参与的能量等级（5Hz 下的 1in/s^2 和 50Hz 下的 1in/s^2 完全不一样）。

> **步骤 27 位移、速度和加速度的 RMS**
> 图解显示最终位移、速度和加速度的 RMS，如图 5-27 所示。
> 观察得到最大的位移、速度和加速度的 RMS（或 1σ）的值为 4.8mm、162mm/s 及 2.37g（23260mm/s²）。必须将这些数值与用户的规格进行对比，以决定货柜的设计能否通过。注意：位移和速度最大值出现的位置不同于最大加速度出现的位置。
>
> **步骤 28 探测结果**
> 使用上面的图解，确定顶部隔板位置的位移、速度和加速度数值，如图 5-28 所示。

56

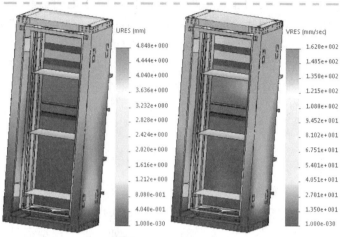

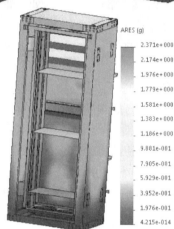

图 5-27　图解显示结果

图 5-28　探测结果

上图显示了在请求位置处的 *RMS* 最终加速度的大小，表 5-1 概括了该位置所有的 *RMS* 数值。

表 5-1　*RMS* 数值

位移	速度	加速度
4.37mm	145mm/s	0.52g（近似值 5130mm/s²）

步骤 29　应力的 *RMS*

图解显示 von Mises 应力的 *RMS*，如图 5-29 所示。可以看到 von Mises 应力的最大 *RMS* 为 85.2MPa，这个应力的数值相当小，出现在螺栓孔附近。螺栓孔附近的应力或接触定义可能会产生奇异或定义不完善。

步骤 30　更改应力界限

为了确定货柜壁面的真实 *RMS* 应力分布，将图例的上限降至约 15MPa 处，如图 5-30 所示。

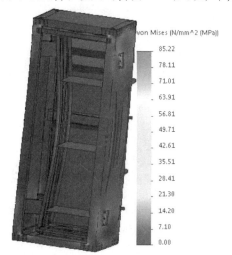 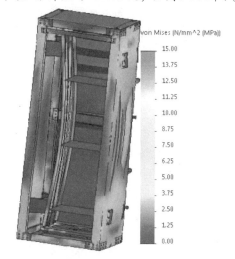

图 5-29　von Mises 应力的 *RMS* 结果（一）　　　图 5-30　von Mises 应力的 *RMS* 结果（二）

可以观察到，除了螺栓孔的边线外，应力的最大 *RMS* 值出现在螺栓开口之间，柜壁其余部分的 *RMS* 应力都很小。

5.10　PSD 结果

PSD 结果给出了输出的频率特征信息，PSD 并不会提供位移、速度、加速度和应力的真实水平（*RMS* 数值）的信息。

步骤 31　加速度 PSD 图表

对顶部隔板所选的顶点生成一个合加速度 PSD 的响应图表，如图 5-31 所示。

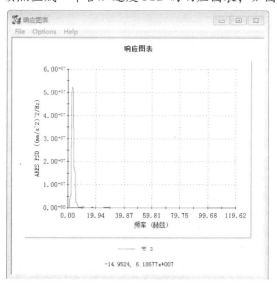

图 5-31　加速度 PSD 的响应图表（一）

57

PSD 是一个基于频率的数量。图表中的数值显示了每个频率如何对应合加速度的输出。可以观察得到，信号上最重要的点出现在频率大约为 5.39Hz 的位置，因此可以得出结论，货柜主要的响应发生在大约第二个自然频率为 5.39Hz 的位置。

步骤32　加速度 PSD 图表
对中间的隔板在相同位置生成一个同样的图表，如图 5-32 所示。

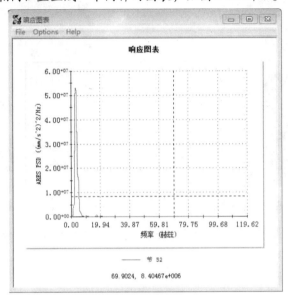

图 5-32　加速度 PSD 的响应图表（二）

可以看到最大的变化发生在相同的频率 5.39Hz 处。结合顶部隔板在顶点位置的 *RMS* 和 PSD 结果，可以得出结论，在 1σ 最终加速度幅度为 0.52g 时，电子外壳将会在 5.39Hz 处发生显著振动；在 68.2% 的时间里将产生相同或类似的幅度。

5.11　高阶结果

为了得到更高阶或可能的结果（ 2σ 、3σ 或 4σ 等），用户需要将 *RMS* 的结果乘以 2、3、4 等。表 5-2 显示了更高 σ 数值的量级，假定输出信号满足高斯分布，则最后一栏列出的是对应的可能性。

表 5-2　更高 σ 数值的量级

量　级	加速度幅度	可能性
1σ(一个标准差)	0.52g	68.2%
2σ	1.04g	95.4%
3σ	1.56g	99.6%

步骤33　加速度 PSD 轮廓图解
使用前一步骤的图解，确定了在频率 5.39Hz 下会发生显著的输出信号。这个频率下的最终加速度 PSD 分布如图 5-33 所示，最大的最终加速度 PSD 数值为 $6.94g^2/Hz$，位于柜子内部的后部，表明这个位置最不舒适。这个最大值必须和用户的限定值进行对比，以确定设计是否可以通过。为了扫描所有频率步长的最大 PSD 值，需要使用包络图解。

步骤34 加速度 PSD 轮廓图解

对最终的加速度 PSD 新建一个图解。在【高级】选项中,勾选【显示 PSD 值】复选框。在【图解步长】中,选择【穿越所有步长的图解边界】,最终的边界图解如图 5-34 所示。

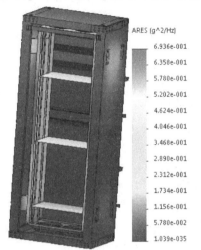

图 5-33 加速度 PSD 的轮廓图解 (一)   图 5-34 加速度 PSD 的轮廓图解 (二)

图解中显示的最大值和前面轮廓图解中显示的相同,前面已经知道最大的最终加速度 PSD 值发生在频率 5.39Hz 处。

总结 在本例中,分析了轮船甲板上固定的货柜的性能,根据 MIL-STD-810G 标准的 514.5 方法,进行了功能性验证的随机测试。

由于模型的复杂性,事先已经定义好了接触及壳体,同时,通过消除所有没有必要的特征,对柜子模型已经进行了简化。

货柜用于将电子设备固定在内部的轨道中,这类货柜的典型有效负载为 350kg。固定在轨道上的隔板使用了钣金特征进行建模,需要考虑其厚度但忽略其质量和密度,这样可以模拟隔板对于整个货柜刚度的影响。隔板的质量将通过质量分布特征来体现,货柜的前门没有划分网格,它的质量也会使用分布质量特征进行模拟。

本例显示了基于 MIL-STD-810G 标准的随机加速度 PSD 输入,讨论了随机振动分析中的基础知识及设置算例过程中的参数。

在最后的部分,显示了随机振动分析中两个主要类型的结果,标准差 (*RMS*) 和功率谱密度 (*PSD*)。*RMS* 提供结果量 (位移、速度、加速度、应力等) 的真实幅度,*PSD* 显示输出内容的频率信息。

提问

• 本章介绍的分布质量特征 (可以/不可以) 正确地模拟一个零件的质量大小。这与它的形状 (相关/无关)。

• 在随机振动理论中,假定输入的随机信号 (随机载荷) 满足高斯分布。这样,输出信号 (仿真结果) 也 (是/不是) 高斯类型。这 (是/不是) 大多数其他统计分布的特征。

• 随机振动问题的主要解是 (PSD/RMS) 结果。为了计算 (PSD/RMS) 结果,软件必须整合 (PSD/RMS) 曲线。要得到更好的精度,推荐使用更多数量的频率求解点。

• 将 6.68e7 $(mm/s^2)^2/Hz$ 的单位转换到 g^2/Hz。

• 在加载环境中,PSD 规格使用 g^2/Hz 作为单位的好处是什么?为什么不使用 $(m/s^2)^2/Hz$ 或 $(in/s^2)^2/Hz$?

- *RMS* 结果（能/不能）表明输出水平为 1σ。为了得到像 3σ 这样的输出水平，*RMS* 结果（需要/不能简单地）乘以系数 3。
- 加速度输出水平的概率在零和报告的 *RMS* 加速度结果之间，这个概率（是/不是）68.2%。相同的概率（适用/不适用）于位移和速度的 *RMS*。相同的概率（也适用/不适用）于应力的 *RMS*。
- 给定一条相对于总体 GRMS 水平为 1.2 的 PSD 曲线。规格要求提高该水平 3 个分贝。则新 GRMS 水平是多少？

练习 5-1　电子设备外壳的随机振动分析

在本练习中，将对一个电子设备外壳进行一次随机振动分析，如图 5-35 所示。本练习将使用以下技术：

- 随机振动分析。
- *RMS* 结果。
- 随机算例属性。

项目描述　本章分析了固定在轮船甲板上货柜中的电子设备外壳受到随机振动，参照 MIL-STD-810G 中方法 514.5 的测试标准进行性能鉴定试验。由于外壳是封装在货柜中的，将通过本章计算所得的加速度 PSD 进行加载，得到输出量的 *RMS* 和 PSD 值，如图 5-36 所示。

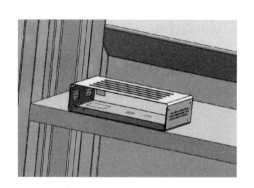

图 5-35　电子设备外壳

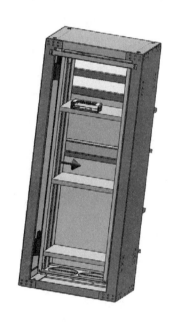

图 5-36　货柜

操作步骤

步骤 1　打开装配体文件

从文件夹 Lesson05 \ Exercises \ Electronics Enclosure 下打开装配体文件 "Electronic_ Assembly"。

算例 "Random Vibration" 已经提前定义完毕，它包含的所有模型特征（材料、夹具和接触）与之前在第 2 章中使用的完全相同。

步骤2　指定加速度 PSD 输入

在全局 - X 方向定义【统一基准激发】PSD 加速度，如图 5-37 所示。

在文件夹 Exercises 下可以找到文件 "acceleration PSD. csv"，曲线数据便来自其中。确认【单位】被指定为（m/s²）²/Hz，如图 5-38 所示。

注意，这里输入的 PSD 加速度不同于第 5 章中指定的数值。

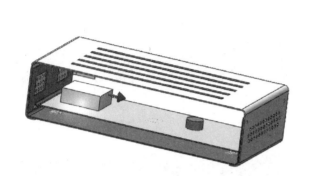

图 5-37　指定加速度 PSD　　　　　　　　图 5-38　编辑曲线

提示　　基准激发的 PSD 加速度一定要在同一方向进行指定，该方向对应于第 5 章中货柜分析的输入层。由于功能验证测试需要沿着所有三个正交的方向进行仿真，因此有必要分析三次。用户也可以选择在货柜分析中直接包含电子设备外壳箱体，但这将增加网格和问题规模的复杂性，会产生一定的问题。

步骤3　划分网格

以默认单元的【整体大小】4.42mm 生成【草稿品质网格】，选择使用【标准网格】。

步骤4　频率分析

针对 65 个模态运行此频率分析。

提示　　在第 2 章已经得出过结论，即 65 个模态足够用于该外壳的动态分析。

步骤5　查看模态及自然频率

列举模态如图 5-39 和图 5-40 所示。最低和最高频率分别约为 49.7Hz 和 1556.4Hz，如图 5-41 和图 5-42 所示。

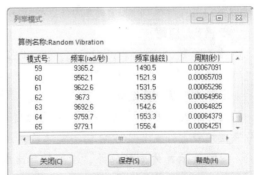

图 5-39　列举模式（一）　　　　　　　　图 5-40　列举模式（二）

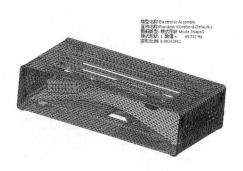

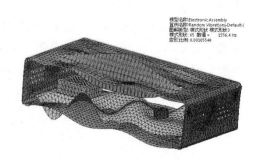

图 5-41 最低频率　　　　　　　　　　　图 5-42 最高频率

步骤6 随机算例属性

设置【上限】为100Hz，【频率点数】为2，如图5-43所示。在【高级】选项中，设置【偏置参数】为2，如图5-44所示。

步骤7 结果选项

设置【保存结果】选项为【对于所有解算步骤】。

提示 　　当指定【对于所有解算步骤】时，不会显示【图表的位置】选项组，所有节点结果都已经存储好了。

图 5-43 算例属性　　　　　　　　　　　图 5-44 设置高级选项

步骤8 阻尼

对于所有65个模态，指定【模态阻尼比】为0.05。

步骤9 运行随机振动算例

步骤10 *RMS* 结果

因为输入的PSD加速度在X方向激发外壳，因此所需的结果数值也对应该方向。然而，用户应该经常检查其他方向或合成结果，因为在其他方向也可能存在明显振动。

图解显示X方向的位移、速度和加速度*RMS*结果，如图5-45所示。

下面的图解分别显示了位移、速度和加速度的最大*RMS*（或1σ）值为6.27×10^{-4}mm、9.3×10^{-2}mm/s 和 0.04g（388mm/s^2）。

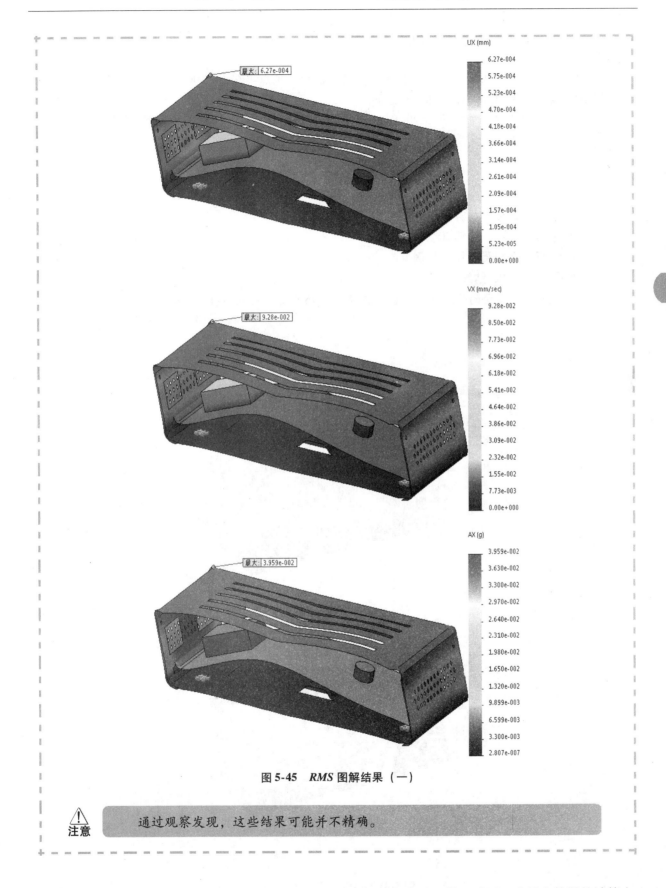

图 5-45 *RMS* 图解结果（一）

⚠️ **注意**　通过观察发现，这些结果可能并不精确。

随机振动结果的准确性　为了计算准确的 *RMS* 值并正确地完成运算，需要一个最小数量的计算点。在第 4 章中，在每两个相邻的自然频率点之间选择了 5 个点，此外，加载的频率范围（1 ~ 100Hz）包含了大量自然频率点（频率范围 1～100Hz 内总的频率数量点为 270），足够用于准确的数值积分和其他计算。

在当前这个例子中，只在每两个相邻频率点之间选择 2 个点。在 1～100Hz 这个范围内只包含有一个自然频率，点数总和为 5，显然这是不够的。

为了准确求解本分析，需要至少 20（越多越好）个计算数据点，因此需要回到模型中，指定一个更多数量的数据点并比较其结果。

步骤 11　设置随机算例属性
将【频率点数】增至 20。
步骤 12　运行随机振动算例
步骤 13　*RMS* 结果
图解显示 X 方向的位移、速度和加速度的 *RMS* 结果，如图 5-46 所示。

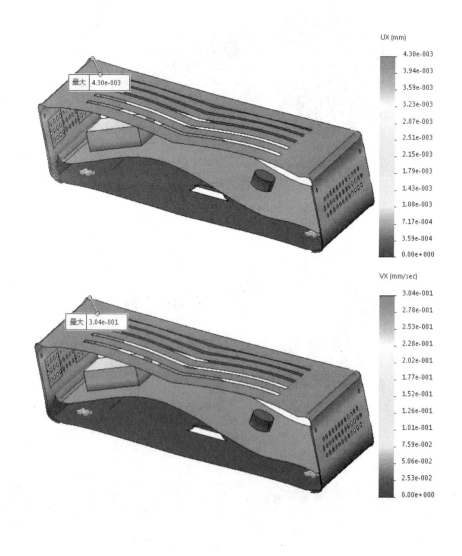

图 5-46　*RMS* 图解结果（二）

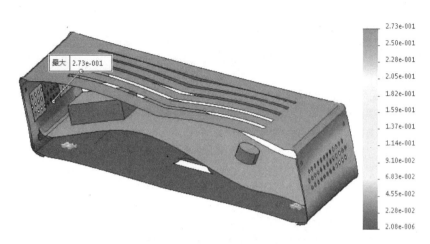

图 5-46 *RMS* 图解结果（二）（续）

位移、速度和加速度的 *RMS*（或 1σ）最大值分别升至 4.3×10^{-3} mm（增加 585%）、0.3mm/s（增加 223%）和 0.27g（2676mm/s²）（增加 575%）。

步骤 14 von Mises 应力的 *RMS* 值

图解显示 von Mises 应力的 *RMS* 分布，电子外壳的 von Mises 应力的 *RMS*（1σ）最大值约为 0.43MPa，如图 5-47 所示。

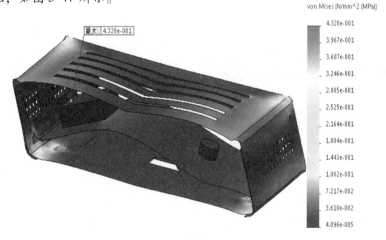

图 5-47 von Mises 应力的 *RMS* 图解结果

步骤 15 响应图表的 PSD 加速度

在两个定义好的传感器位置，图解显示 PSD 加速度响应图表的 X 分量，两条曲线的峰值都位于 5.6Hz 附近，其大小为 0.038g²/Hz，小于 5.61Hz 处的其他峰值（17Hz），如图 5-48 所示。

可以得出结论，外壳将在频率为 5.61Hz 处发生显著振动：

1σ 的加速度幅值为 0.27g。有 68.4% 的时间幅值将小于等于 0.27g。

2σ 的加速度幅值为 2 * 0.27g = 0.54g。有 95.4% 的时间幅值将小于等于 0.54g。

3σ 的加速度幅值为 3 * 0.27g = 0.81g。有 99.6% 的时间幅值小于等于 0.81g。

对于 4σ 及更高的结果，或对于应力及其他数值，也可以通过相似方法获得。

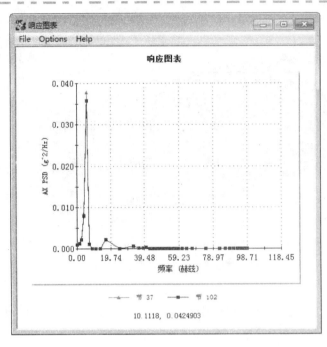

图 5-48　响应图表

练习 5-2　电路板的疲劳评估

在本练习中，将基于随机振动的结果，计算电路板的疲劳评估。

项目描述　在本练习中，外壳固定在相同位置，其货柜受到 Y 方向的相同激励（标准 MIL-STD-810G，方法 514.5 需要材料沿三个正交的方向激励和分析）。执行和练习 5-1 中相同的方法，分析 Y 方向的激励，且合成的 PSD 曲线存储在文件夹 Lesson05 \ Exercises 中。

这个练习的目标是确定在 3σ 的输出水平下电子元器件的疲劳强度。

操作步骤

步骤 1　打开装配体文件

打开文件夹 Lesson05 \ Exercises \ Fatigue of Circuit Board 下的文件 "Electronic_ Assembly"。

步骤 2　查看随机激励

查看应用在 Y 方向的 PSD 加速度激励。使用和第 5 章相同的分析获取这条曲线，如图 5-49 所示。

 提示　　存储在文件夹 Fatigue of Circuit Board 中的 PSD acceleration Y. csv 文档包含本数据。

步骤 3　求解随机振动仿真

按照前面练习的步骤 3～步骤 9，完成这个随机振动仿真。在算例属性中，指定【频率点数】为 20。

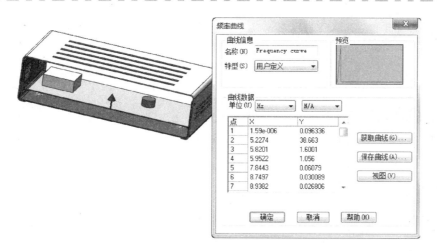

图 5-49   编辑曲线

步骤 4   *RMS* 结果

图解显示 Y 方向的位移 *RMS* 结果，如图 5-50 所示。

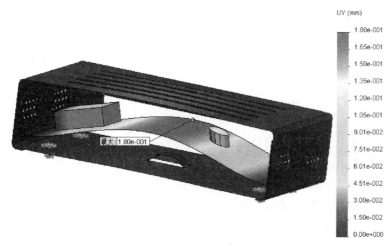

图 5-50   图解显示位移的 *RMS* 结果

可以看出 Y 方向位移的最大 *RMS* （或 1σ）数值为 1.8×10^{-1} mm。

步骤 5   PSD 响应图表

图解显示在两个传感器位置加速度和位移 PSD 响应图表的 Y 分量，如图 5-51 和图 5-52 所示。

可以看出两条曲线的峰值都出现在 4.06Hz 附近，加速度和位移 PSD 显示的最大值分别为 $0.38\text{g}^2/\text{Hz}$ 和 $3.3 \times 10^{-3}\text{mm}^2/\text{Hz}$。可以将加速度的峰值大小与用户限定的范围进行比较，以确定设计是否可以获得通过。一般而言，只需使用加速度波谱即可。

最重要的结论是，占主导地位的输出振动发生在 4.06Hz 附近，这个数值将用于疲劳计算中。

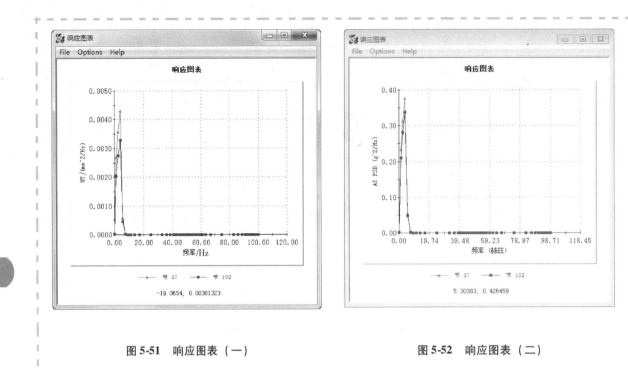

图 5-51　响应图表（一）　　　　　　　　图 5-52　响应图表（二）

电路板的疲劳　在这个练习中，使用来自 "*Vibration Analysis for Electronic Equipment* by D. S. Steinberg" 的经验公式，根据这篇文章，2000 万个周期的 3σ 限定位移可以由下面的公式计算得出

$$Z_{3\sigma\text{limit}} = \frac{0.00022B}{Chr\sqrt{L}}$$

式中　B——平行于元器件的电路板边线长度（单位为 in）；

　　　L——电子元器件的长度（单位为 in）；

　　　h——电路板厚度（单位为 in）；

　　　r——固定在电路板上元器件的相对位置因子；

　　　C——不同电子元器件类型的常量，$0.75 < C < 2.25$。

假定电路板包含一个标准双排封装设备，并焊接在图 5-53 所示位置中。设置 $B = 3.36\text{in}$，如图 5-54 所示。

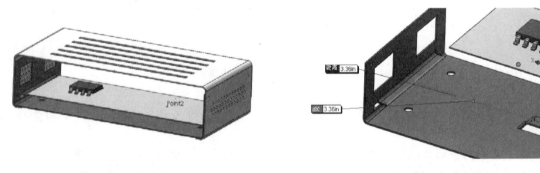

图 5-53　芯片位置　　　　　　　　　　　图 5-54　尺寸参数

注意，经验公式中的距离等于支撑之间的距离，而不是整个电路板沿 Y 边线的长度，如图 5-55 所示。

设置 $L = 0.96\text{in}$，$h = 0.03\text{in}$，$r = 1$（元器件大致位于支撑之间的中间位置），$C = 1$，将这些数值代入上面的公式中可以得到

$$Z_{3\sigma\text{limit}} = \frac{0.00022 \times 3.36}{1 \times 0.03 \times 1 \times \sqrt{0.96}}\text{in} = 0.025\text{in}$$

图 5-55　边线长度

仿真中的最大 3σ 位移为 $3 \times 1.8 \times 10^{-1}\mathrm{mm} = 0.54\mathrm{mm} \times 1\mathrm{in}/25.4\mathrm{mm} = 0.021\mathrm{in}$。根据这个经验方法，这个电子元器件可以承受 2000 万个周期的重复考验。

结论　如果所有振动都发生在幅度为 0.025in 的水平（在随机算法中接近 1.17σ），在 4.06Hz 处的反向应力的主要频率作用下，电子元器件的寿命至少为 58 天。

第6章 随机振动疲劳

6.1 项目描述

保护电子设备的货柜在第 5 章的分析中，参照 MIL-STD-810G 方法 514.5 的测试标准，完成了功能验证的随机振动测试。在本章中，我们将继续做随机振动疲劳分析，判断货柜是否能承受这种振动 10 年，如图 6-1 所示。

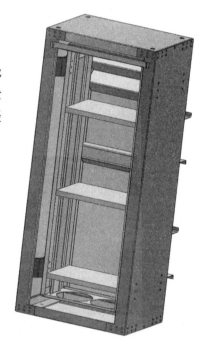

图6-1 加速度结果

操作步骤

步骤 1 打开装配体文件
打开 Lesson06 \ Case Study 文件夹下的文件 300series。

步骤 2 随机振动算例
已经事先定义好了一个随机振动动力算例 Dynamics-random，算例的结果也可以提供。

步骤 3 求解随机振动算例
大概需要 25min 完成分析，或者也可以直接使用第 5 章计算的结果。

步骤 4　生成疲劳算例

生成一个新的名为 Fatigue 的算例，在【类型】中选择【疲劳】🎬，【选项】选择【随机振动的随机振动疲劳】📶，如图 6-2 所示。

图 6-2　生成疲劳算例

6.1.1　随机振动疲劳的概念

在随机振动环境下运行的零部件疲劳损坏，是根据响应应力的功率谱密度（PSD）函数在频率范围内进行评估的。术语"振动疲劳"（或基于频率的疲劳）是参考随机过程中加载和响应（应力和应变历史）疲劳寿命的估值，因此最好使用诸如功率谱密度（PSD 函数）的统计学度量来进行描述。

步骤 5　添加事件

右键单击【负载】并选择【添加事件】，在【算例】中选择 Dynamics-random。在【持续时间】中选择【秒】作为【时间单位】，输入 315 360 000 秒，如图 6-3 所示。单击【确定】。

图 6-3　添加事件

> 提示　事件的持续时间 315 360 000 秒对应持续 10 年的使用年限。随机振动动力学仿真得到的疲劳结果附加在时间选项中。如果想要得到使用 20 年后的损坏评估值，需要对 10 年使用年限进行加倍。

6.1.2　材料属性和 S-N 曲线

用于确定疲劳计算的传统 S-N 曲线并不适用于随机振动疲劳，S-N 曲线需要使用 Basquin 方程通过

双对数空间进行线性化

$$N = \frac{B}{(S_r)^m}$$

式中，N 为疲劳破坏的周期数量，S_r 为疲劳强度的参考数值，m 为 $\log S$-$\log N$ 疲劳 S-N 曲线的斜率，B 为第一个周期的应力值。系数 B 和 m 必须在【材料属性】对话框中输入。如果无法获取这些数值，则可以输入传统的 S-N 曲线，软件会自动估算这两个系数。

步骤6　设置材料

对所有零部件编辑材料属性。【源】选项组的【插值】选择【双对数】。在【S-N 曲线方程式（Basquin 方程式）】选项组中勾选【根据 S-N 曲线评估 Basquin 常量】，设置【单位】为 N/m²。单击【文件】打开【函数曲线】对话框，如图 6-4 所示。

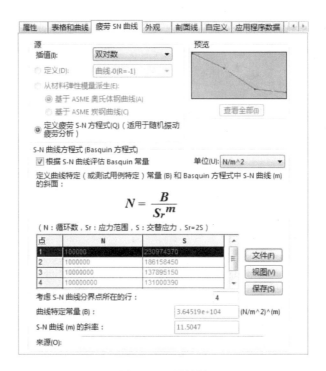

图 6-4　设置材料

右键单击【S-N 曲线】并选择【生成曲线】。将新曲线命名为 Lesson 06 material。保留【应变比率（R）】为 -1，代表完全相反的疲劳，并按照下图 6-5 输入数字。

确认【单位】为 N/m²。单击【保存】，将曲线文件（＊.cwcur）保存到本章文件夹中，单击【确定】。在【考虑 S-N 曲线分界点所在的行】中输入 4。

提示 　一般而言，S-N 曲线的 Basquin 线性逼近（以双对数插值）取决于包含了多少个数据点。这个方法通常必须考虑第一个点。然而，最后一个点是可以变化的，而且必须要选择它，这样可保证所有主要交替应力周期会体现在结果中。在本章中，所有四个 S-N 曲线的数据点都要使用。

软件会通过 Basquin 方程式自动匹配 S-N 曲线。Basquin 方程式按照双对数插值拟合出来的是一条直线，如图 6-6 中的绿色线条所示。

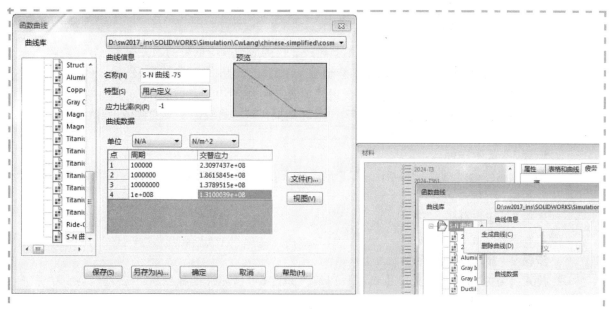

图 6-5　函数曲线

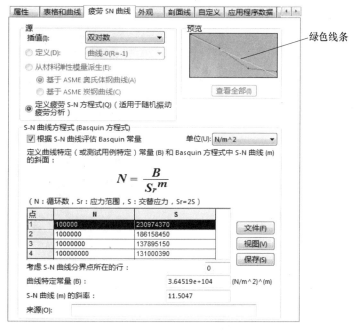

图 6-6　预览

> **提示**　在本章中，假定铝 5052、橡胶以及加强板的材料都共享同一条 S-N 曲线。由于只对铝制品的疲劳结果感兴趣，即使橡胶隔震器得到不正确的疲劳数据也无所谓。因此此处应该忽略橡胶隔震器的疲劳结果。

单击【应用】并关闭【材料】对话框。

6.1.3　随机振动疲劳选项

可以使用下面三种计算方法：

1. **窄带方法**　其中窄带信号峰值的概率密度函数趋于瑞利分布。
2. **Wirsching 方法**　考虑到宽频带处理，使用一个经验校正系数来修正窄带方法。

SOLIDWORKS® SOLIDWORKS® Simulation Premium 教程 (2017 版)

3. Steinberg 方法　Steinberg 方法假定是随机应力响应的概率密度函数且符合高斯分布，因此应力响应幅度的期望值是和一定的概率水平相关的：

① 68.27%的可能性是应力周期的幅度不会超过 2 倍的应力响应信号的均方根。

② 27.1%的可能性是应力周期的幅度不会超过 4 倍的应力响应信号的均方根。

③ 4.3%的可能性是应力周期的幅度不会超过 6 倍的应力响应信号的均方根。

推荐使用三种方法分别进行疲劳计算，考虑最坏结果，可以得到最安全的疲劳设计。

步骤7　算例属性

在算例属性的【选项】选项卡中，【计算方法】选择【窄带方法】，保持其他选项为默认值，如图 6-7 所示。

步骤8　运行分析

几秒钟便可完成本次分析。

步骤9　显示损坏图解

使用【百分比】数值显示【损坏】图解，如图 6-8 所示。选择图例【最大】到 100 并选择【显示最大注解】。货柜的最大损坏数值非常高，表明该货柜无法经受长时间的振动环境。然而，需要对结果图解进行更深入的分析。

图 6-7　算例属性　　　　　　图 6-8　显示损坏图解

步骤10　查看损坏细节

放大显示的最大损坏区域并【探测】部分位置，如图 6-9 所示。注意到损坏主要集中在螺栓孔周围。在远离螺栓孔的地方，数值下降得非常快。这是符合预期的，因为在同样的螺栓孔附近，很容易出现应力集中的现象。我们用简化的模型来表示螺栓联接，以正确地模拟整体的结构响应，而不是直接在它们的邻近区域分析应力（和疲劳）结果。当前算例中得到的最终应力和疲劳结果应该忽略。

模型的其余部分出现了非常小的损坏。因为连接部分必须单独分析，所以可以得出结论，货柜的设计是安全的，而且可以经受加载的振动级别长达至少 10 年的时间。

步骤11　显示生命图解

显示【寿命（失效时间）】图解，如图 6-10 所示。选择图例【最大】到 315 360 000s 并选择【显示最小注解】。最小失效寿命（1244s）的位置对应着最大损坏的位置。这个位置上文已经鉴定为螺栓联接的位置。需要改善设计或其他方法来可靠地评估疲劳性能。对于本仿真而言，1244s 位置的生命总数是不真实的，应该忽略，模型的其余部分表现的失效寿命要长得多。

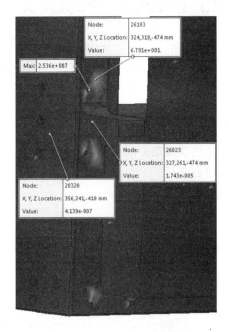

图 6-9　查看损坏细节

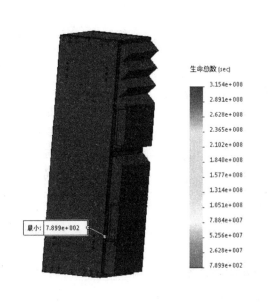

图 6-10　显示生命图解

6.2　总结

在本章中，我们分析了轮船甲板上固定的货柜按照 MIL-STD-810G 的方法 514.5 的测试标准，完成了功能验证时的抗疲劳强度。随机振动的结果在第 5 章中已经计算过。

基于随机振动算例的疲劳算例的设置跟常规疲劳算例的设置很相似，唯一的区别是抗疲劳曲线（S-N 曲线）和算例属性的输入。随机疲劳需要 S-N 曲线使用 Basquin 方程式并采用双对数插值的方法逼近。用户可以直接输入 Basquin 方程式的系数，或让软件通过输入的 S-N 曲线来估算。本章还介绍了后面的方法。

本算例得到的结果表明，货柜可以经受这样的振动级别达 10 年。然而，该结论排除了螺栓联接部分，这需要更深入的仿真或其他计算。

第7章 电子设备外壳的非线性动态分析

学习目标

- 运行非线性动态分析
- 比较线性动态分析和非线性动态分析
- 理解何时需要非线性动态分析
- 使用瑞利阻尼

7.1 项目描述

回顾第2章中对电子设备外壳运行的动态分析,当时使用的是一个线性动态模块。该模型承受的是一个沿全局X轴的20g的均匀基准激发。本章将使用相同的模型,并比较线性和非线性动态分析的结果,如图7-1所示。

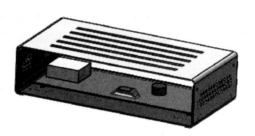

图7-1 电子设备外壳

7.2 线性动态分析

下面将对电子设备外壳运行一次线性动态分析。

操作步骤

步骤1 打开装配体文件

打开文件夹 Lesson07 \ Case Studies \ Electronic Enclosure 下的文件"Electronic_ Assembly"。查看这个模型,可以看到名为"Linear dynamics"的线性动态算例已经提前建立完毕。

步骤2 查看线性动态算例

展开【连结】文件夹,注意和第2章中用到的十分类似。双击【阻尼】文件夹,查看【瑞利阻尼】参数,使用瑞利阻尼是因为在非线性动态模块中可以使用。保证相同的阻尼模型和数值,可以让用户更好地比较线性和非线性的结果。

查看算例的属性,确认在【频率选项】中指定了65个频率模式。在【动态选项】中,确认指定了【时间增量】为 5×10^{-5}s,总的时间为 0.022s(在第2章中图2-23所示已经计算并解释了这两个参数)。

步骤3 划分网格

生成【草稿品质网格】,采用默认的单元【整体大小】为 4.42mm。这里再次使用【标准网格】。

步骤4　运行线性动态分析

运行算例"Linear dynamics"。

步骤5　图解显示位移图表

在图7-2所示的点 A 处，图解显示【UX：X位移】的响应图表，如图7-3所示。

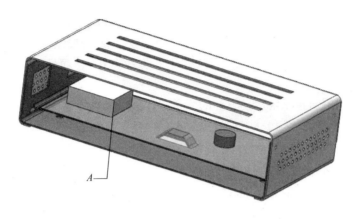

图7-2　显示位置

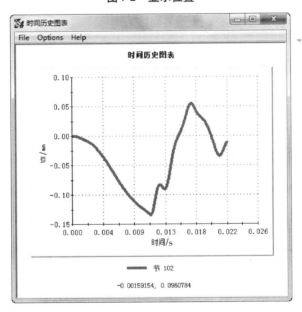

图7-3　响应图表

　　可以看出，线性动态分析中在点 A 处 X 方向的最大位移和最小位移分别为 0.051mm 和 -0.14mm。这个位置的线性结果将和非线性动态分析的结果进行比较。

7.3　非线性动态分析

接下来将使用非线性动态分析来分析电子外壳。

7.3.1　线性与非线性动态分析对比

本培训教程的前 5 章处理的都是线性动态问题，其中包含四种线性分析的类型：
- 瞬态分析。

- 谐波分析。
- 响应波谱分析。
- 随机振动。

在第 1 章中讨论过，在线性动态分析中，运动的结构矩阵方程 $[M]\{\ddot{u}\} + [C]\{\dot{u}\} + [K]\{u\} = \{F(t)\}$ 将通过加载一个名为"模态分析"的特定技术来求解。这个方法将上面运动方程的 n 次耦合系统解耦为类似的 m 次解耦运动方程，然后再逐一求解每个方程（n 代表自由度的数量，m 代表用于线性动态分析的自然模式的数量）。这个方法在求解过程中十分有效，但需要结构的自然频率和它们的相应模式（这也是为什么在进行线性动态分析之前，需要先进行频率分析），而且只局限于线性小位移分析（常刚度矩阵）。

然而，非线性分析可以直接求解运动方程的复杂耦合系统，它能够描述各种先进材料模型（von Mises 塑性、超弹性、粘弹性等）的大位移，但这需要更多的计算资源和时间。

步骤6 生成一个非线性动态分析

生成一个名为"Nonlinear dynamics"的算例。【类型】选择【非线性】 ，并在【选项】中单击【动态】 图标，如图 7-4 所示。

步骤7 给非线性动态算例设定壳体和实体

将上一算例中的零件文件夹拖至当前算例，确认材料属性也一并复制过来。

步骤8 接触

定义四个【接合】的接触，与在算例"Linear dynamics"中定义的一样。

图 7-4 定义算例

步骤9 划分网格

生成【草稿品质网格】，采用默认的单元【整体大小】为 4.42mm，这里将再次使用【标准网格】。

步骤10 设定载荷和约束

将上一算例中的夹具文件夹拖至当前算例。用户无法复制线性动态算例中的"Base Excitation-1"载荷特征到非线性动态算例中，因此，需要在非线性动态算例中新建一个统一基准激发。在全局 X 方向定义峰值为 $20g$ 的【统一基准激发】，指定一个经典的脉冲波时间曲线，在算例"Linear dynamics"中或第 2 章中都使用过相同的曲线。

步骤11 定义阻尼

指定【瑞利阻尼】的值 $\alpha = 32.4$，$\beta = 1.4 \times 10^{-5}$，如图 7-5 所示。

图 7-5 定义阻尼

提示 👆 在线性动态算例"Linear dynamics"中也使用了相同的数值。

7.3.2 瑞利阻尼

在瑞利阻尼中，构建了一个全局的阻尼矩阵，它按比例组合了质量和刚度矩阵，$C = \alpha[M] + \beta[K]$。

步骤12　非线性动态算例的属性

在【求解】的【步进选项】选项组中，输入【结束时间】为 0.022s。在【时间增量】中，选择【自动(自动步进)】，并在【初始时间增量】中输入 5×10^{-5}，【最大】为 5×10^{-5}。在【调整数】中输入 20。在【几何体非线性选项】选项组中，确保勾选了【使用大型位移公式】复选框。选择【Direct Sparse 解算器】，因为对这个模型而言，该解算器比其他解算器快得多，如图 7-6 所示。

> **提示**　在本例中，并未使用【最大】时间增量，而是等于初始时间增量。为了更准确地比较线性和非线性的结果，必须指定相同的时间步长数值。这样便能使线性和非线性动态分析二者都能够在相同的高频波中进行求解。

将【调整数】的参数设置为较高的数值，可以允许缩减多次时间步长。当加速度在时间 $t = 0.011$s 时突然回到 0 时，则可能会用到步长缩减。

步骤13　设置高级选项

单击【高级】选项卡，在【方法】选项组中，选择【积分】为【纽马克(新标记)法】，保持【NR(牛顿拉夫森)】为首选的【迭代方法】。单击【确定】，关闭对话框，如图 7-7 所示。

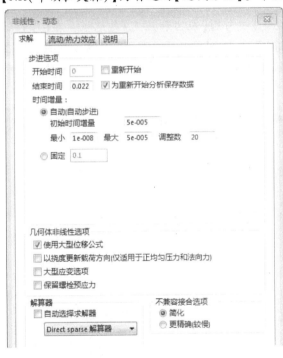

图 7-6　定义算例属性

图 7-7　定义高级选项

7.3.3　时间积分方法

Simulation 中包含三种积分方法：

1. 修正的中心差分　修正的中心差分时间积分法是一种显性方法，时间步长 $i+1$ 的解是基于时间步长 i 对应的运动方程。这个方法是条件稳定的，需要的时间增量要小于一定的临界时间增量值 $\Delta t_{critical}$。对于较小的系统而言，这个数值可以通过 $\Delta t_{critical} = T_n/\pi$ 计算，其中 T_n 是系统中最小的自然周期。

为了估算 $\Delta t_{critical}$，需要一个迭代方法，它可以计算有限元系统中最高的频率。一旦求解开始（使用线性刚度矩阵）且临界时间增量被写入输出文件，计算就完成了。由于修正的中心差分法不需要对系统刚度矩阵求逆，但是需要非常小的时间步长增量，因此它适用于高频冲击载荷、碰撞或高频输出（轴向振动）分析。在时间积分过程中使用的时间步长需要不断核对 $\Delta t_{critical}$，以提高结果的收敛和精度。

2. 纽马克和威尔逊方法 纽马克和威尔逊这两种时间积分法都属于隐式方法，使用时间步长 $i+1$ 的运动方程来计算相同时间（$i+1$）的结果。因此，这些方法是无条件稳定的，它和修正的中心差分法不同，因为它不需要很小的时间步长来收敛得到一个准确的结果，但过大的时间步长会导致不准确的结果。由于使用了更大的时间步长，而且必须在每个时间增量反转刚度矩阵，所以这些方法不应该用于超高频特征的分析。对其他一般规格的动态问题而言，这两种方法是合适的，并应该作为默认首选。

7.3.4 迭代方法

非线性模块提供了牛顿拉夫森及修正的牛顿拉夫森两种迭代方法。

步骤14 结果选项

在【结果选项】中，【要保存到文件中的数量】中勾选【应力和应变】复选框，在【保存结果】中选择【对于所指定的解算步骤】。在【解算步骤-组1】中，输入如图7-8所示的数值。在【响应图解】中，选择传感器"Workflow Sensitive1"（这个传感器中指定了点A），如图7-8所示。

提示 👆 为了减小对存储的要求，只要求每5步保存一次。

步骤15 运行算例

右键单击"Nonlinear Dynamics"并选择【运行】，这次运算需要大约45min。

步骤16 位移结果的时间历史

对 Chip 上的图7-9所示的点A生成【UX：X 位移】响应图解，如图7-10所示。

图7-8 定义结果选项

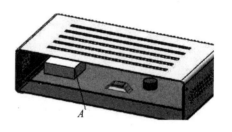

图7-9 指定位置

从非线性动态分析的结果中可以看到，在 $0 \sim 0.022s$ 这个时间间隔内，最大和最小合位移分别为 $0.049mm$ 和 $-0.1mm$。

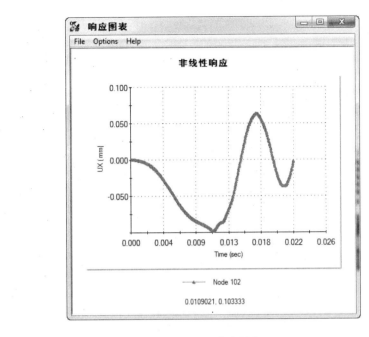

图 7-10　响应图表

7.3.5　讨论

下面的图表显示了在点 A 位置，线性和非线性合位移的两个结果，如图 7-11 所示。

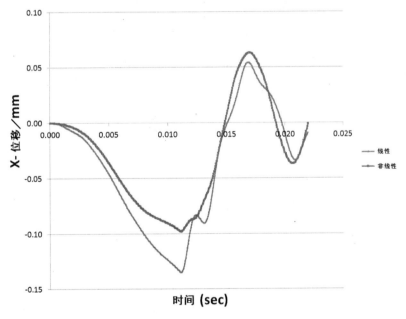

图 7-11　结果对比

使用非线性动态分析和线性动态分析分别计算点 A 的合位移并进行比较，可以看到变化趋势非常相近，但是绝对最大值还是有些不同。使用线性和非线性解算得到的点 A 处最小合位移分别为 -0.14mm和-0.1mm，这意味着它们之间存在大约 28.6%（相对于线性结果）的差别。

对于重量级的冲击载荷和带有不同材料（如塑料）的模型而言，使用非线性动态分析是更合适的。

但是非线性求解所需的时间及计算能力所受限制较多。线性动态分析提供给用户的只是结构响应的估算，因此也是工程师和设计者最基本的一种工具。

7.4 总结

在本章中，采用线性和非线性分析两种方法，分析了第 2 章中用到的电子外壳。观察发现两个瞬态结果比较类似，但结构位移并不相同。如果冲击等级或持续时间发生变化，或模型及材料发生变化时，可能会需要用到非线性动态分析。然而，由于需要非常大的计算量，非线性动态分析通常并不可行，线性求解可能是唯一的选择。线性求解也可以提供关于结构响应和潜在的高应力集中区域等有效信息。

本章还演示了非线性算例的完整创建过程，并讨论了时间积分法和它们的用途、优点及缺点。

提问

• 非线性动力学算例(可以/不可以)描述模态阻尼系数。

• 在非线性动力学算例的属性中，(可以/不可以)使用最大时间步长输入参数，因为它(会/不会)被初始时间增量数值限制。

• 纽马克和威尔逊时间增量方法属于(显式/隐式)方法的范围。同样的，时间增量(必须/不必)小于关键时间增量数值。对于一般的低中范围的频率问题，(应该/不应该)使用这两种方法作为默认时间增量方法。

第8章 大型位移分析

- 运行一个弹性、几何非线性的大变形静应力分析
- 定义一个非线性算例
- 从静应力分析算例中复制材料、外部载荷和夹具
- 定义加载的伪时间曲线
- 编辑载荷以符合时间曲线
- 定义各种伪时间步长过程（增量）
- 以各种增量控制方法运行非线性分析，图解显示应力和位移结果
- 在线性静应力分析中使用大型位移选项

8.1 实例分析：软管夹

在本章中，将介绍大位移、小位移、非线性分析之间的区别。运行一个非线性分析，并会讨论这类分析的一些选项，还将讨论选择这三种分析方法的原则。

1. 项目描述

船舶级不锈钢软管夹绕在一根软管上。为了模拟该过程，软管受到图 8-1 所示的载荷和边界条件。其中一端固定，另一端则转动 360°。软管尺寸为 150mm 长、13mm 宽、0.25mm 厚。

固定边

绕此边转动 360°

图 8-1 软管夹示意图

2. 关键步骤

步骤 1：线性静应力分析 运行一次线性静应力分析，观察出现的位移大小。

步骤 2：非线性静应力分析 使用非线性算例运行相同的仿真，要非常小心地选择算例的属性，以确保求解收敛。

步骤 3：线性静应力分析 选择【大型位移】选项并运行线性静应力分析，表明此类算例事实上是几何非线性的，使用该选项是可以运行这种算例的。

8.2 线性静应力分析

为了更好地理解模型情况，通常最好对该模型运行一个线性静应力分析，以观察其表现。该措施有利于在进一步分析之前，选择更合适的算例属性。

操作步骤

步骤1 打开 SOLIDWORKS

步骤2 启动 SOLIDWORKS Simulation 插件

SOLIDWORKS Simulation 插件可以在 SOLIDWORKS 中使用【工具】/【插件】菜单激活。勾选【SOLIDWORKS Simulation】即可使用该插件，如图8-2所示。单击【确定】。

步骤3 打开文件

从 Lesson 08 \ Case Study 文件夹下打开文件 hose-clamp。

步骤4 创建一个算例

在 Simulation 菜单中，选择【算例】。在【名称】中输入 Linear，【类型】选择【静应力分析】。

步骤5 添加固定约束

因为导致夹子变形的力的大小未知，需要指定绕其中一边转动360°。首先，必须约束另外一边。在 Simulation 分析树中，右键单击【夹具】并选择【固定几何体】。选择夹子的窄端面并添加一个【固定几何体】约束，如图8-3所示。

步骤6 添加旋转约束

在 Simulation 分析树中，右键单击【夹具】并选择【高级夹具】，如图8-4所示。选择模型的另一个端面并添加一个旋转约束，如图8-5所示。

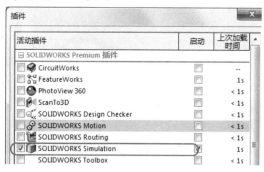

图 8-2 启动【SOLIDWORKS Simulation】插件

图 8-3 添加【固定几何体】约束

图 8-4 高级夹具

在【高级】选项组中，选择【在平面上】。

在【平移】选项组中，设置【沿面方向2】
为 0mm。

在【旋转】选项组中，在【沿面方向1】中输
入 0rad。

在【旋转】选项组中，在【沿面方向2】中输入
6.2rad(6.25rad 大约为360°)。在【垂直于面】中输
入 0rad。单击【确定】。

图 8-5　添加旋转约束

8.2.1　辅助边界条件

为了稳定模型，在【沿面方向1】和【垂直于面】中输入零旋转，在【沿面方向2】中输入零平移。约
束该辅助边界条件是帮助求解收敛的一个实用方法。然而，使用该方法需要非常小心，以免无意中过
约束模型。

步骤7　生成网格

在 Simulation 分析树中，右键单击【网格】并选择【生成网格】。移动【网格密度】的滑条
到【粗糙】端，选择【基于曲率的网格】，如图 8-6 所示。单击【确定】。

步骤8　设置线性算例属性

在 SOLIDWORKS Simulation 分析树中，右键单击算例 Linear 并选择【属性】。在【选项】
选项卡中，【解算器】选项组中勾选【自动解算器选择】复选框。确保【大型位移】复选框没有
勾选(本章后面会描述这个选项)，如图 8-7 所示。

图 8-6　生成网格

图 8-7　设置线性算例属性

8.2.2 解算器

非线性有限元分析是线性方程式的一个分支，用于描述每个求解步长和迭代的理想化问题。此系统的规模直接依赖于模型的自由度（DOFs）数量。SOLIDWORKS Simulation 提供两个基础的解算器类型：

1. 迭代 FFEPlus 迭代利用新技术，适用于自由度超过 500000 的超大问题。如果装配体零部件包含大范围不同材料属性的零件，而且该问题需要处理间隙和接触（特别是考虑摩擦）时，有可能会产生病态的矩阵。这时推荐使用 sparse 解算器。

2. sparse 解算器（Direct sparse，Intel Direct sparse 和 Large Problem Direct sparse） 使用新的高级稀疏矩阵技术和重新排序技术来节约时间和计算资源。对于较大问题、壳问题、大范围使用不同材料属性的装配体问题，带间隙和接触的问题而言，该方法非常有效。这些解算器的性能高度取决于可用系统内存。如果问题规模非常大，使用这些解算器进行求解可能变得非常慢，除非使用特殊程序。Large Problem Direct sparse 会用到这样的特殊程序，推荐在处理更大问题时使用它。然而，对非常大的问题而言，FFEPlus 迭代解算器是最佳选择。

一般来说，对特定类型的分析而言，用户可以使用任意可用解算器。对同一问题采用不同解算器应该给出相似的结果。在求解大规模问题时，对解算器的选择才变得更加重要。

步骤9 运行算例

在 Simulation 菜单中，选择【运行此算例】。出现下面的消息："在该模型中计算了过度位移。如果您的系统已妥当约束，可考虑使用大型位移选项提高计算的精度。否则，继续使用当前设定并审阅这些位移的原因。

单击'是'，启用大型位移进行求解。

单击'否'，以小型位移进行求解。

单击'取消'，结束求解"。

单击"否"，跳过消息。

步骤10 图解显示位移结果

在 SOLIDWORKS Simulation 分析树中，双击【结果】中的 Displacementl（合位移）以显示合位移的结果，如图 8-8 所示。

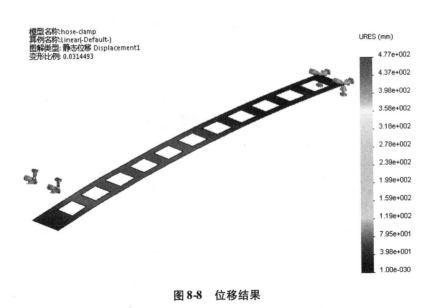

模型名称:hose-clamp
算例名称:Linear(-Default-)
图解类型: 静态位移 Displacement1
变形比例: 0.0314493

URES (mm)

4.77e+002
4.37e+002
3.98e+002
3.58e+002
3.18e+002
2.78e+002
2.39e+002
1.99e+002
1.59e+002
1.19e+002
7.95e+001
3.98e+001
1.00e-030

图8-8 位移结果

步骤 11　更改位移显示比例

图 8-8 显示了减少比例时的变形量。为了查看真实的变形（以 1:1 的比例），右键单击 SOLIDWORKS Simulation 设计树中【结果】中的 Displacementl，并从菜单中选择【编辑定义】。在【位移图解】中，选择【变形形状】选项组中的【真实比例】，如图 8-9 所示。单击【确定】。

步骤 12　叠加初始模型到变形模型上

为了关联最终变形形状和初始未变形的几何体，最好将初始形状叠加到变形图解中。右键单击 SOLID-WORKS Simulation 设计树中【结果】下方的 Displace-mentl，并选择【设定】。在【变形图解选项】选项组中，勾选【将模型叠加于变形形状上】复选框。设置【透明度】为 0.75，如图 8-10 所示。单击【确定】。

图 8-11 所示为在真实比例 1:1 下的最终位移图解。

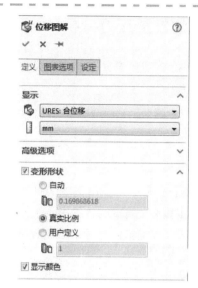

图 8-9　设置比例

图 8-10　图解设定

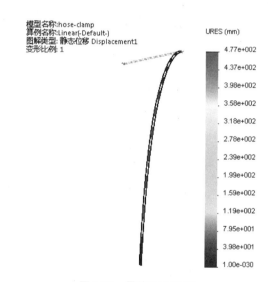

图 8-11　最终位移图解

提示　　用户有可能需要缩放并旋转模型，以便查看整体变形形状。

8.2.3　几何线性分析：局限性

用户的意图是转动平板软管夹的前缘 360°，但是线性分析显示该前缘无法完全旋转。事实上自由端根本没有沿着夹子方向发生移动，这与壳体线性小位移理论的假设是符合的。

几何线性分析在一个步长中加载全部载荷（位移）。这意味着在几何体变化引发的变形过程中，不可能发生刚度矩阵的更新。由于线性分析使用基于初始未变形几何体的刚度矩阵，因此只对非常小的相对位移有效，也就是说，变形和未变形结构的形状应该非常接近。

在线性静应力分析中，内置特征将自动监视未变形和变形配置的差异。当检测到大型位移时，会弹出对话框询问是否使用大型位移技术。本章最后会讨论这种情况。

8.3 非线性静应力分析

为了获得转动夹子 360°的真实大型位移，运行一个几何非线性静应力分析。

操作步骤

步骤 1 生成非线性算例

新建一个新算例并命名为 Nonlinear。在分析【类型】选项组中，选择【非线性】 ，在【选项】选项组中选择【静应力分析】 ，如图 8-12 所示。单击【确定】。

步骤 2 编辑旋转约束

为了验证旋转约束，右键单击 On Flat Faces-1 并选择【编辑定义】。在【随时间变化】栏选择【曲线】，如图 8-13 所示。如果要预览载荷(应用的旋转)如何逐步递增，选择【视图】。时间曲线表现了载荷和伪时间之间的线性关系，如图 8-14 所示。单击【确定】两次。

图 8-12 生成非线性算例

图 8-13 曲线选项

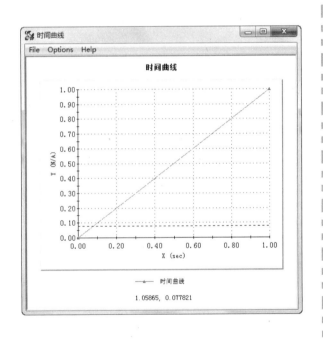

图 8-14 时间曲线

8.3.1 时间曲线(加载函数)

正如在算例 Linear 中看到的，解算器无法得到正确的平衡解，有下面两个因素：

- 尝试通过在一个步长中加载全部载荷来求解问题。
- 在变形过程中，并没有反映出结构形状的显著几何变化。

在非线性分析中，逐渐以小幅增量提高载荷，通过更新刚度矩阵来反映变形的平衡形状。而且，在载荷的增加中，解算器都尝试通过求解一系列线性静应力分析来达到平衡状态，也就是说，解算器在当前载荷步长迭代出平衡解。只有在满足当前载荷步长的平衡时，程序才会逐步增加载荷，并尝试

在这新的载荷步长中达到新的平衡解。

载荷增加的路径为图 8-14 所示的伪时间图解。在本例中，总的分析[伪]时间等于 1 (图解的时间范围为 0 ~ 1)，360°的旋转从零($t=0$)时刻线性地增加到完整数值($t=1$)。

> **提示** 特意地忽略时间的单位，因为它并不是真实的时间。伪时间只是用来作为一种工具，来定义加载函数。同时可以注意到，用户可以自定义时间曲线。
>
> 程序现在知道追踪什么样的加载函数，但是，算法如何判断在每个加载步长中应该增加多大的载荷？增量的大小可以通过程序自动调节(自动步进)，或由用户手动指定固定值。

8.3.2　固定增量

用户可以手动固定载荷增量的大小，或让程序自动调节大小(自动步进过程)。

步骤 3　设置非线性算例属性

为了设置 Nonlinear 模型的属性，右键单击算例 Nonlinear 并选择【属性】。

步骤 4　手动设定步进过程参数

在【求解】选项卡中，设置【步进选项】的【结束时间】为 1(【开始时间】自动设置为 0)。【时间增量】选择【固定】并输入 0.2(我们计划在 5 个载荷增量下完成整个分析)。确保在【几何体非线性选项】中勾选了【使用大型位移公式】复选框，并在【解算器】中选择了【Direct sparse 解算器】，如图 8-15 所示。

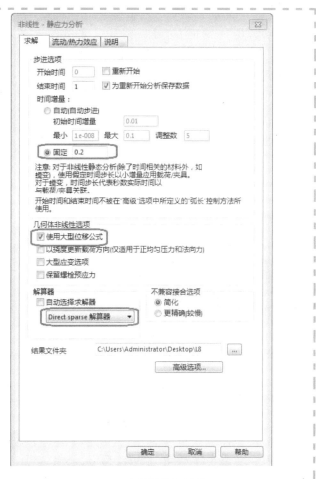

图 8-15　非线性算例属性

8.3.3　大型位移选项：非线性分析

【大型位移】选项会开启算法，使软件在上一载荷步长(解算器完全迭代到平衡状态的最后一个载荷步长)结束时更新基于变形几何体的刚度矩阵。

步骤5　设置高级选项

在【非线性-静应力分析】对话框中单击【高级】选项卡，【控制】选为【力】，【迭代方法】选为【NR（牛顿拉夫森）】，如图8-16所示。

单击【确定】。

步骤6　运行算例

右键单击算例名称并选择【运行】，运行本非线性分析模型。

弹出提示消息："错误：增量旋转太大（>10.0度）；减小步进大小然后重新启动。"

单击【确定】。再单击【确定】三次，直到信息提示确认非线性分析失败。

图8-16　设置高级选项

8.3.4　分析失败：大载荷步长过大

为什么非线性分析会失败？在每个载荷步长中，解算器都会尝试通过一系列的线性静应力分析获得一个中间结果，也就是说，解算器会在当前载荷步长下迭代到平衡状态。目前的载荷步长明显太大，导致解算器无法达到平衡，因此必须减小载荷增量。

步骤7　更改时间步长

显示算例 Nonlinear 的属性。将【求解】选项卡中的【步进选项】下的【时间增量】改为0.01，如图8-17所示。单击【确定】。

步骤8　重新运行算例

现在可以正确地求解该分析了。用户可以在求解过程中观看变形形状，在端部使用了更多旋转。

步骤9　图解显示位移结果

使用【真实比例】，并将未变形的模型叠加到位移图解中，如图8-18所示。

步骤10　探测结果

从【Simulation】/【结果工具】/【探测】菜单中选择探测工具。程序自动切换到未变形的视图，当使用【探测】命令时，只能在未变形的图解中选择实体。选择之前定义的约束旋转的边线的其中一个顶点（靠近较宽的一端），如图8-19所示。

图 8-17　更改时间增量

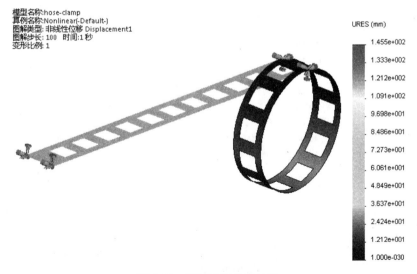

图 8-18　图解显示位移结果

相应的节点号会出现在【结果】选项组中。为了显示所选顶点合位移与[伪]时间之间的变化图表，单击【响应】按钮，如图 8-20 所示。

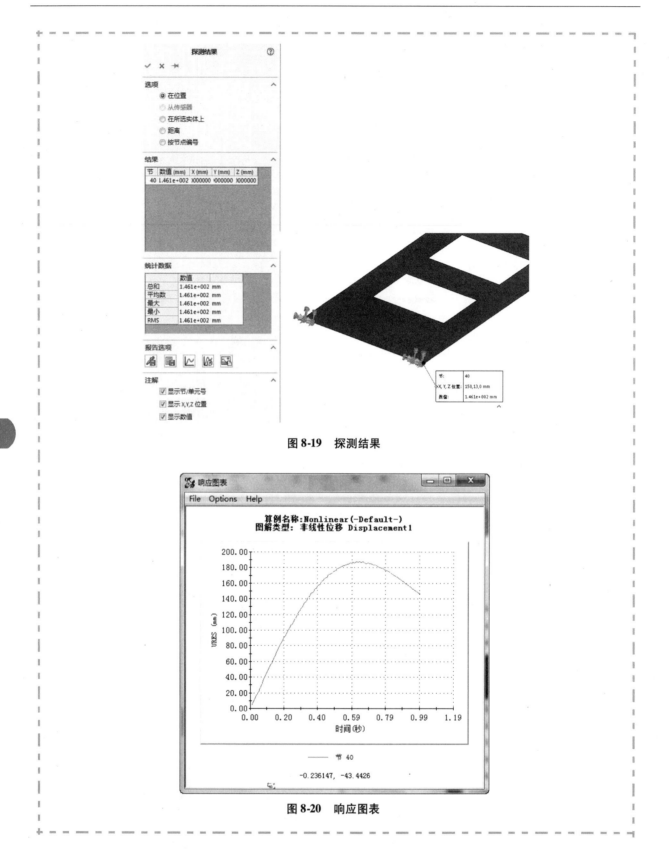

图 8-19　探测结果

图 8-20　响应图表

8.3.5　固定时间增量的不足

目前已经通过固定大小的载荷增量成功地完成了这个分析。可以发现，选择不正确的载荷增量会导致分析收敛失败，然而太小的载荷步长可能会导致求解时间过长。而且，载荷增量的理想大小可能会在求解过程中发生变化。

对以上原因，现在要让解算器根据收敛特性的载荷增量大小自动调整特征，也就是说，好而快的收敛会提高载荷增量，然而对于难以收敛或不能收敛的情况，会减小载荷增量。自动调节步长的方法称为"自动步进"，而且对所有应用均建议用户使用该方法作为默认的增量技术。

如果需要输出指定时间增量的结果，则使用固定时间增量是可行的。

1. 自动步进增量　下面将使用自动步进技术重新运行分析。

步骤 11　生成一个新的算例

复制算例 Nonlinear 为一个新的算例并命名为 Auto-Stepping。

步骤 12　修改 Nonlinear 算例的属性

在【求解】选项卡中，设置【步进选项】的【结束时间】为 1。

【时间增量】选择【自动（自动步进）】并设置【初始时间增量】为 0.01，【最小】为 1×10^{-8}，【最大】为 0.1，【调整数】为 5。

确保勾选了【几何非线性选项】选项组中的【使用大型位移公式】复选框，并在【解算器】选项组中选择【Direct sparse 解算器】，如图 8-21 所示。

步骤 13　设置高级选项

在【非线性-静应力分析】对话框底部单击【高级选项】按钮。【控制】选为【力】，【迭代方法】选为【NR（牛顿拉夫森）】单击【确定】。

图 8-21　修改 Nonlinear 算例的属性

2. 自动步进参数及选项　按照上面的设置，程序将以步长大小 0.01 开始。在随后的步长中，载荷增量的数值将根据收敛的困难程度而自动地增加或降低。当载荷增量过大，在当前载荷步长中发生不收敛时，解算器会降低载荷增量，并尝试再次达到收敛平衡。在平衡迭代成功之前连续降低（减少）的最大数在【调整数】选项中指定。

3. 高级选项：步进/公差选项　在【高级】选项卡中，在【步进/公差选项】中，可以设置下面内容：

（1）进行平衡迭代每…步进　如果用户不打算让解算器在每个加载步长迭代到平衡状态，可以使参数的数值大于 1。然而，请注意其结果可能明显偏离平衡路径，或者分析可能不会收敛得到任何结果。建议普通用户不更改此选项。

（2）最大平衡迭代　在每个载荷步长中，解算器都尝试迭代到平衡路径。当迭代次数超过该数值时，求解不收敛，这时必须降低（减少）载荷增量。

（3）收敛公差　默认数值 0.001 代表特定载荷增量下，在两次连续迭代之间控制量的差别等于或低于 0.1%。

（4）最大增量应变　在两次连续迭代之间容许的最高应变增量。

（5）奇异性消除因子（0-1）　只有当勾选【大型应变选项】时，才考虑奇异性消除因子，它可以帮助结果通过平衡路径的局部奇异性。如果标准非线性结果（SEF = 1）无法成功完成（步长 > 1 时），而且是由于下列一种原因导致计算终止：

1）刚度奇点。

2）增加的应变太大。

3）增加的旋转太大。

4）接触迭代不收敛。

那么低于 1 的 SEF 数值可以帮助非线性求解过程最终完成。最佳的 SEF 数值是 0 和 0.5（0 最有效）。

当 SEF 低于 1 时，它会启动一项技术来显著降低由于高度（极度）变形单元所产生的结构刚度奇点。然而，降低 SEF 通常会导致平衡迭代次数的增加。

提示 　只有当其他所有尝试收敛成功的方法失败时，才会考虑降低 SEF。通常遇到的大部分问题都与分析的设置相关，这些都能被正确纠正。[当你完成本课的学习，你将掌握帮助你稳定非线性分析从而成功收敛到平衡状态的技术，位移控制法和弧长法将在后面的章节中介绍]

步骤 14　运行算例
现在可以正确地求解该分析了，当求解完成时单击【确定】。

步骤 15　图解显示非线性分析的位移结果
使用【真实比例】，并将未变形模型叠加到位移图解中。对比一下固定载荷增量为 0.01 的分析结果。

提示 　和使用固定载荷增量为 0.01 的分析比较而言，使用自动步进程序花费的时间明显减少。

步骤 16　动画显示模型
右键单击图解 Displacementl 并选择【动画】，查看夹子是如何达到变形形状的。

8.4　线性静应力分析（大型位移）

前面的分析假定为线弹性，求解出的结果是不正确的。当采用线性分析时，会弹出对话框提示检测到大型位移。该对话窗会询问是否需要在启动【大型位移】功能下重新运行该线性静应力分析。该选项可以在线性算例的属性窗口中勾选。

启动该选项时，分析就变为几何非线性，而且纳入了非线性解算器（SOLIDWORKS Simulation 的线性模块已经包含了非线性解算器）。

在线性静应力模块下使用非线性解算器的局限有：

• 只能提供预先定义的自动增量默认设置。

• 所有载荷和预先定义的位移都成比例地线性地增加，即不能定义时间曲线。

• 只能提供线弹性的材料模型。

• 假定大型位移分析成功了，只有最终的结果可以保存用于后处理。

操作步骤

步骤 1　修改算例 Linear 的属性
在窗口底部单击【Linear】进入线性算例。在 Simulation 分析树中，右键单击 Linear 并

选择【属性】。勾选【大型位移】复选框。在【解算器】下方，确保选择【解算器】中的【自动解算器选择】。单击【确定】。

步骤2　运行 Linear 算例

现在可以正确地求解该分析，请注意：虽然定义了分析为线性的，但是【大型位移】选项使得这个分析变为几何非线性了。当求解完成时单击【确定】。

步骤3　图解显示 Linear 算例的位移结果

使用【真实比例】(1:1)图解显示变形形状，并将未变形模型叠加到位移图解中，如图 8-22 所示。

图 8-22　图解显示 **Linear** 算例的位移结果

可以确认该结果非常接近从非线性算例中得到的结果。

步骤4　动画显示模型

右键单击图解 Displacementl 并选择【动画】，查看夹子的变形过程。将会发现，动画结果和 Nonlinear 算例得到的结果有很大差别。这是因为并没有保存每个伪时间增量的结果。为了生成动画，软件只是简单地在初始形状和变形形状之间插值得到中间步长。

8.5　总结

本章分析了软管夹一端转动的过程。由于存在大型位移，线性求解给出了不正确的结果，必须采用非线性的方法来正确求解此问题。

由于在非线性分析中载荷必须以非常小的增量加大，因此运行算例之前的正确的设置非常必要。在分析过程中介绍了只定义提高(降低)载荷的时间曲线概念。非线性静应力分析中的时间概念和真实的时间没有任何关系，通常被视为伪时间。

我们练习了两种增量方法：固定增量和自动步进。得到的结论是，自动步进的方法应该作为默认方法使用，因为它允许软件在收敛过程中遇到困难时提高(降低)步长大小。

最后，我们讨论了 SOLIDWORKS Simulation 线性静应力分析模块中的【使用大型位移公式】选项。可以表明这引入了一个非线性解算器(集成在线性解算器中)，尝试使用默认预定义设置下的自动步进方法求解几何非线性分析。对这个分析的局限性也进行了讨论。

8.6　提问

1. 假设在线性静应力分析结束时，相对于模型尺寸而言，模型位移是（小的/大的）。

2. 如图 8-23 所示的两个装配体：

① 装配体包含两个零件，在可能接触的界面定义了【无穿透】的接触条件，其中 Part A 是固定的，Part B 按图 8-23 给定的方向预先指定了一个大的水平位移 $u_{prescribed}$。

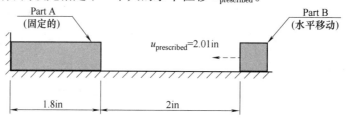

提示：两个零件的接触是完全定义的

图 8-23　平移位移

② 装配体包含两个零件，在可能接触的界面定义了【无穿透】的接触条件，其中两个零件的中心都完全约束了，并在如图 8-24 所示的方向指定了 360°的旋转位移。

如果尝试在关闭【使用大型位移公式】选项的情况下以静应力分析算例求解这些问题，将会得到提示信息告知检测到大型位移的存在。单击【否】并完成分析。

结果在（两个情况/仅在情况①/仅在情况②）中是正确的。

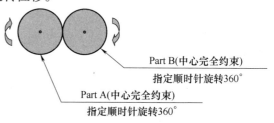

Part B(中心完全约束)
指定顺时针旋转360°
Part A(中心完全约束)
指定顺时针旋转360°

提示：两个零件的接触是完全定义的

图 8-24　旋转位移

3. 考虑横梁的大变形几何非线性分析。情况 a 和 b 在问题设置方面的唯一差别就是时间曲线，即力 F 升高的曲线，如图 8-25 所示。两个设置都使用了自动步进的技术。

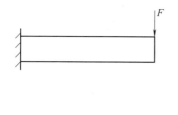 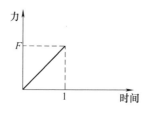

a)

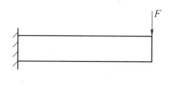 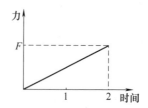

b)

图 8-25　时间相关曲线

情况 b 对应的分析（会/不会）使用近两倍的时间进行计算。

第9章 增量控制技术

学习目标

- 在同一个分析中使用多条时间曲线
- 稳定薄膜结构的分析
- 力和位移控制方法的使用与对比

9.1 概述

本章中将练习两个基本的控制技术:

- 力控制。
- 位移控制。

9.1.1 力控制

为便于理解,将此方法命名为"载荷控制"更为恰当。由于历史原因,保留了传统的"力控制"叫法。在该方法中,用户指定应用载荷(力或指定的位移)随分析时间变化,这通常会带来如下问题:当受到施加的载荷时,结构的变形有多大?如图9-1所示。

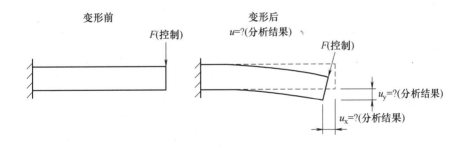

图 9-1 力控制示意图

9.1.2 位移控制

为便于理解,称为"响应控制"更为恰当。在该方法中,用户指定结构响应(通常是一个顶点在一个方向的位移)随分析时间变化,这通常会带来如下问题:需要施加多大的载荷才能使结构达到指定的变形?如图9-2所示。

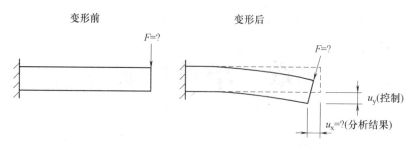

变形前　　　　　　　　　　变形后

图 9-2　位移控制示意图

9.2　实例分析：蹦床

本章将练习两种不同的增量控制技术，会介绍它们的区别和使用条件。还会练习更多稳定模型的技术，这在非线性分析中有时是必要的。此外，还会进一步介绍载荷曲线。

1. 项目描述

图 9-3 所示的圆形尼龙蹦床的直径为 4740mm，厚度为 0.25mm。蹦床的生产商需要考虑雨天收集水后其最大挠度。在蹦床顶面加载了 747Pa 的均匀压力，以模拟 76mm［3in］深的水，如图 9-4 所示。假定铝架比尼龙材料坚硬很多，因此，可以设置圆形的蹦床外围为不可移动。

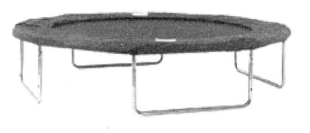

图 9-3　图形尼龙蹦床

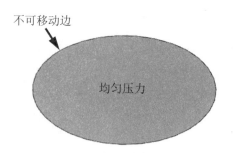

图 9-4　力学模型

2. 关键步骤

（1）线性静应力分析　运行一次线性静应力分析观察会发生多大的位移。

（2）非线性静应力分析-力控制　使用力控制来回答这个问题：在深度为 76mm 水的作用下，蹦床会发生多大变形？

（3）非线性静应力分析-位移控制　使用位移控制来回答这个问题：蹦床发生 200mm 的变形需要多大的载荷？

操作步骤

步骤1　打开零件文件

打开 Lesson09 \ Case Study 文件夹中的文件 Trampoline。因为几何体和载荷都是对称的，因此我们将对模型作相应的简化。

步骤2　激活配置 quarter

在非线性分析中，通常有必要利用对称来节省运算时间，如图 9-5 所示。

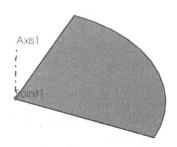

图 9-5　1/4 模型

步骤3 生成一个算例

创建一个静态分析实例，并命名为 Linear。

步骤4 定义壳曲面和厚度

使用壳单元对蹦床划分网格。在 Simulation 分析树中右键单击 trampoline 实体并选择【按所选面定义壳体】。选择蹦床顶面。【类型】选择【薄】，在【抽壳厚度】中输入 0.25mm。单击【确定】。

步骤5 核实材料属性

确保 SOLIDWORKS 模型中定义的材料属性(尼龙)已经传递到 SOLIDWORKS Simulation 模型中。会看到壳体图标上面一个绿色的对号，表明材料已经定义好了。检查尼龙材料采用线弹性建模。

步骤6 约束铝架

对壳体背面边线指定【不可移动(无平移)】的夹具，如图9-6所示。请确保选中的边线位于前面定义的壳体上。

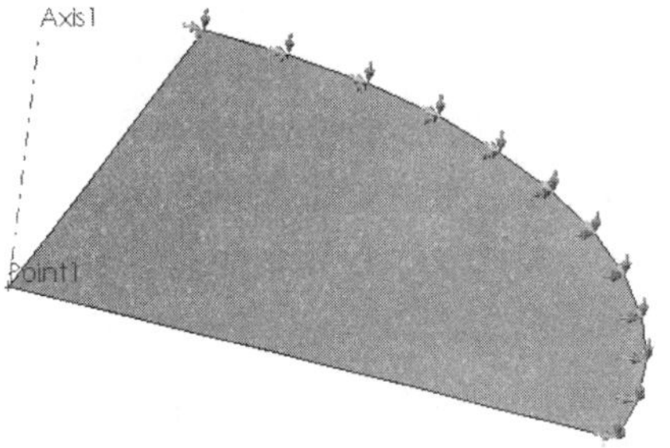

步骤7 显示注释

在 SOLIDWORKS 主菜单中单击【视图】，在弹出的菜单中选择【所有注解】。

步骤8 定义沿边线1的对称夹具

在 Simulation 分析树中右键单击【夹具】并选择【高级夹具】，再选择【对称】，如图9-7所示。选择【边线1】，如图9-8所示。

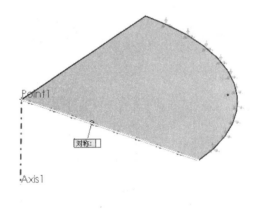

图9-6 约束铝架

图9-7 定义对称夹具

图9-8 选择边线

单击【确定】。重命名该边界条件为 Symmetry 1。

步骤9 定义沿边线2的对称夹具

和之前的步骤一样，对边线2应用【对称】，如图9-9所示。重命名该边界条件为 Symmetry 2。

步骤10 添加压力载荷

通过对顶面添加一个 747Pa 的均匀压力来代表蹦床上 76mm 深的水。在蹦床顶面上添

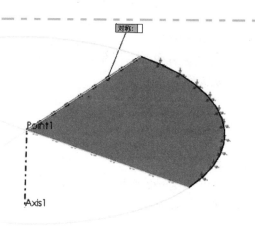

图 9-9　添加对称夹具

加一个压强为 $747\mathrm{N/m^2}$，【垂直于所选面】的压力。同时，请确认所选面位于定义的壳体上。

请注意压力箭头的方向指向是否正确，如图 9-10 所示。

单击【确定】保存边界条件，重命名这个条件为 Pressure 3in water。

步骤 11　生成网格并运行算例

使用默认参数生成高品质的网格，使用【基于曲率的网格】。勾选【选项】选项组中的【运行(求解)分析】复选框。若询问是否激活大型位移时，单击【否】。

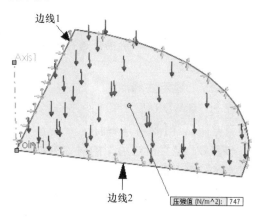

图 9-10　添加压力载荷

> **提示** 　对此问题，单击【否】是为了查看线性分析的结果。线性静应力分析的结果有助于判断是否需要采用大型位移分析。

步骤 12　图解显示位移结果

展开【结果】文件夹并双击默认的位移图解 Displacement1。注意默认的【变形形状】比例远小于1，如图 9-11 所示。

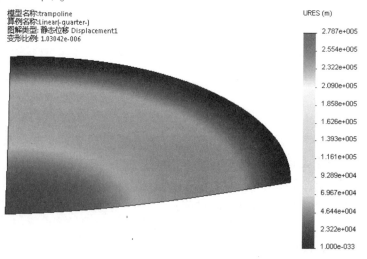

图 9-11　图解显示位移结果

为了显示真实的变形形状，需要以【真实比例】来显示变形形状。编辑图解的定义，更改变形比例为【真实比例】。Displacementl 的【URES：合位移】在真实比例 1:1 下的位移结果如图 9-12 所示。

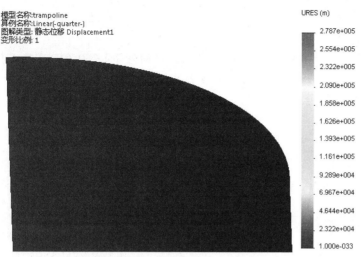

图 9-12 真实比例下的位移结果

也许很难正确地看到整个变形图解，但很清楚的是该结果是不真实的。

薄膜结构 在这个特殊的结构中，长度和厚度的比值非常高，也就是说，物体是非常薄的结构。这种薄结构通过薄膜（或在平面）应力支承平面外载荷。因为变形量大，模型需要作为非线性问题进行分析。这是一个典型的几乎所有薄膜都受到平面外载荷的例子。

作为参考，中等薄结构（长度与厚度比值大于10）一般趋向于通过弯曲应力来支承平面外载荷，但厚粗短的结构是通过剪切应力来支持这些载荷。

9.3 非线性分析：力控制

现在将使用一个非线性算例来求解此问题。因为要回答"在一个均匀压力载荷下，结构的响应是多少"的问题，我们将使用"力控制"方法。

操作步骤

步骤1 创建非线性算例

复制算例 linear 为一个新的非线性算例并命名为 NL Force Control，单击【确定】。

步骤2 修改压力载荷

右键单击压力载荷并选择【编辑定义】。在非线性分析中，必须使用时间曲线来逐步增加加载荷。【随时间变化】选择【曲线】，如图 9-13 所示。

现在可以预览默认的线性加载路径（时间曲线），只需在选项组中单击【视图】按钮，即可查看压力载荷与伪时间比例之间的关系，如图 9-14 所示。

图 9-13 修改压力载荷

单击【确定】以确认该压力载荷的边界条件。

步骤3 设置算例属性

右键单击算例【NL Force Control】名称并选择【属性】，设置非线性算例的属性。确认默认的【结束时间】设置为1。默认情况下，【自动（自动步进）】的选项应处于激活状态。设置【最大】时间增量为0.1。

所有其他步进选项应处于默认状态：【初始时间增量】为0.01，【最小】时间增量为1×10^{-8}，【调整数】为5。确认勾选了【使用大型位移公式】复选框，【解算器】选择【Direct sparse 解算器】，如图9-15所示。

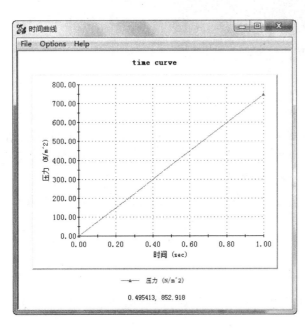

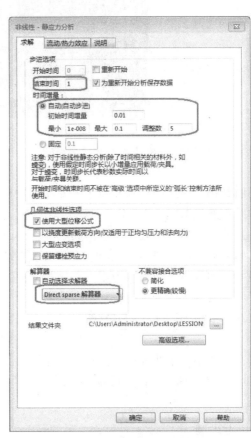

图9-14 时间曲线　　　　　图9-15 设置算例属性

以挠度更新载荷方向 壳体结构受到压力载荷时，通常需要维持变形后壳体表面的法向力，这时就需要使用该选项，如图9-16所示。在本例中，因为压力来自重力加速度，因此它必须维持竖直方向，而不考虑薄膜变形。因此该选项应该保持不被勾选的状态。

图9-16 算例选项

步骤 4 设置高级选项

在【非线性-静应力分析】中单击【高级选项】按钮。确认【控制】方法为【力】，【迭代方法】为【NR(牛顿拉夫森)】，如图 9-17 所示。

单击【确定】。

步骤 5 运行算例

在初始步长分析时将会失败。弹出下面的消息提示："第一步长中的求解失败，可能是由于：

1. 一个或多个零件缺少适当的夹具。
2. 材料属性未妥当定义。
3. 载荷增量可能太大或太小。

(位移太小> 收敛失败)"。单击【确定】。

图 9-17 设置高级选项

9.3.1 平面薄膜的初始不稳定性

由于薄膜非常的薄，它几乎没有弯曲刚度。当载荷作用在初始配置(几何体为平面)时，没有任何弯曲刚度的平面薄膜无法承受任何载荷。刚度的薄膜部分(拉伸/压缩)还未得到发展(首先蹦床必须变形)，而且弯曲部分几何为零。其结果是，在初始阶段会得到不稳定的情况(结果是非常大的转动)，因此必须稳定此分析。

在平面外压力载荷发生作用之前，将通过创建一定水平的薄膜张力来稳定该分析。在本例中，我们将利用对铝架引入径向位移产生的张力。

步骤 6 编辑夹具

右键单击夹具下方的边界条件 Immovable-1 并选择【编辑定义】。单击【高级】，扩展下拉菜单，选择【使用参考几何体】。确认选中了框架的边线。从 SOLIDWORKS 扩展 FeatureManager 中选择 Axisl 作为参考实体。

请注意目前已经切换到圆柱坐标系，【平移】选项组中显示的是指定位移的径向、圆周和轴分量。单击【径向】，并输入 2.5mm 作为最大位移值。【圆周】和【轴】的位移为 0。

在【随时间变化】选项组中，选择【曲线】，然后单击【编辑】，弹出【时间曲线】对话框。如图 9-18 所示。

步骤 7 编辑时间曲线

在【时间曲线】对话框中，输入下面的点来定义径向位移随伪时间变化：[0, 0]，[0.1, 1]，[0.5, 1]，[1, 0]。单击【确定】，如图 9-19 所示。注意，当要新输入一个数据点时，只需双击点列的最后一个数字即可创建。输入曲线名称，单击两次【确定】。

> 提示 在分析最后，径向位移又恢复到零，也就是说，框架恢复到了初始的配置。同时，最大拉力在 $t=0.1$ 到 $t=0.5$ 之间是起作用的，直到变形的蹦床弯曲形成足够大的薄膜(拉伸/压缩)力以抵抗压力。此外，还必须修改 Pressure 3in water 条件。

步骤8 修改 Pressure 3in water

一旦薄膜的全部拉紧力得到发展($t=0.1$)，将开始应用压力。在【时间曲线】对话框中，在 Pressure 3in water 条件下，输入下面的点，来定义压力随伪时间的变化：[0，0]，[0.1，0]，[1，1]，单击【确定】两次，如图9-20所示。

图9-18 编辑夹具

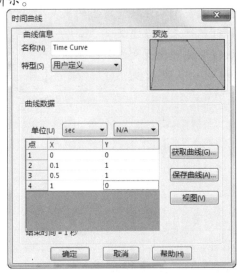

图9-19 编辑时间曲线

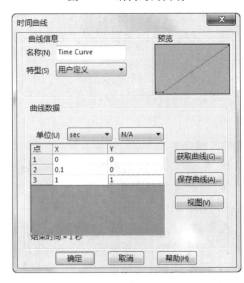

图9-20 修改 Pressure 3in water

步骤9 修改算例属性

再次打开【非线性-静应力分析】对话框，在【求解】选项卡中，将【调整数】提高到10。

保持其他所有参数不变，虽然它们在之前的运算中不算成功，单击【确定】，如图9-21所示。

图9-21　修改算例属性

> 提示　虽然薄膜通过在0.1s时刻存在的拉力而稳定住了，但在初期仍然需要给定非常小的压力载荷增量。不使用【重新开始】的功能，我们没有直接控制 $t = 0.1$ 这个时刻时间步长的方法（目前正在使用自动步进增量）。因此，将允许软件大幅回退，以在需要的时候降低载荷增量。

步骤10　重新运行 NL Force Control 算例
算例现在可以成功运算完成了。

9.3.2　重新开始

如果算例无法完成或运行被手动中止，使用【重新开始】功能可以让用户修改算例属性（初始时间步长等）。请注意，如果用户打算使用【重新开始】功能，则必须在运行一个分析之前，在【求解】选项卡中勾选【为重新开始分析保存数据】复选框。

9.3.3　分析进度对话框

当算例在运行时，可以通过查看【求解进度】对话框以获取更多细节，如图9-22所示。对每一次迭代和新的时间步长，单元的刚度矩阵都会重新计算。这对应的是牛顿拉夫森迭代方法。当前步长的时间数值指明了载荷曲线中处于哪一个伪时间步长。计算会随时间向后推进，直至计算到最后时刻。如果在给定时间增量下计算无法收敛，则自动步进特征将自动降低时间步长的增量，以尝试达到收敛。

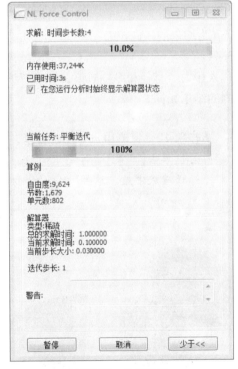

图9-22　分析进度

步骤11　图解显示位移结果
在【结果】文件夹中，右键单击 Displacementl 并选择【编辑定义】。确认【图解步长】的时间为1s。用户可以通过更改图解步长的时间来调节显示时间。在【变形形状】选项组中，将位移图解比例更改为【真实比例】。单击【确定】，如图9-23所示。

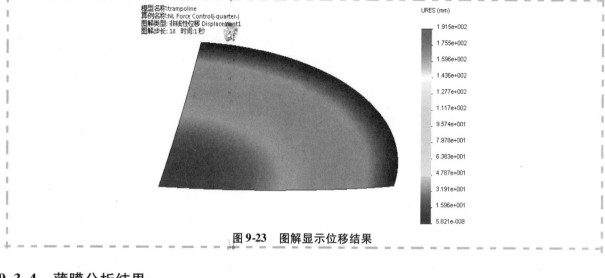

图 9-23　图解显示位移结果

9.3.4　薄膜分析结果

Roark 的应力应变公式(Young and Budynas, 2002)列出了下面的关系式，针对没有抗弯刚度下膜片中点的位移

$$\frac{p\left(\dfrac{d}{2}\right)^4}{Et^4} = K_1 \cdot \frac{y}{t} + K_2\left(\frac{y}{t}\right)^3 \tag{9-1}$$

式中，p 为均匀的横向拉力；d 和 t 分别是膜片的直径和厚度；E 为杨氏模量；K_1 和 K_2 为常数，$K_1 = 0$，$K_2 = 3.44$。

代入压力、直径和厚度数值，并求解该方程，得到 y 方向中点的位移 $y = 0.191\text{m}$。这和我们在仿真中预测的结果相同。

步骤 12　探测中点并图解显示

右键单击【结果】文件夹下的 Displacement1 并选择【探测】，如图 9-24 所示。

选择蹦床中点。单击【响应】按钮，生成所选节点的响应图表，如图 9-25 所示。

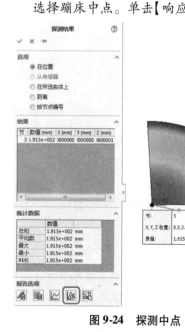

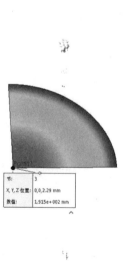

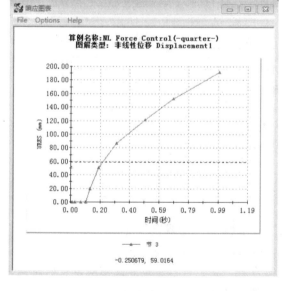

图 9-24　探测中点

图 9-25　响应图表

可以观察到在时刻 $t=0.4$ 时（对应载荷的33%，也就是247MPa），蹦床上中间节点的位移为104mm。（提问：这个数值真的是33%压力载荷下的位移吗？）

9.4　非线性分析：位移控制

如果最初的问题换一种提法会怎样：要使蹦床出现200mm的变形，则需要加多少水？在这种情况下，可以使用位移控制方法。

9.4.1　位移控制方法：位移约束

在非线性分析中使用位移控制方法时，不允许给定非零的位移边界条件。（提问：为什么？）因此不能使用通过对铝边的径向位移创建的稳定拉紧力。幸运的是，由于在非线性分析中，我们使用位移控制来预测结构的响应，这样的分析比使用力控制的非线性分析更加稳定。因此，边界条件 Immovable edge 必须修改回最初状态。

操作步骤

步骤1　生成新的非线性算例
复制已有的算例 NL Force Control 并命名为 Displacement Control。

步骤2　删除压力载荷
删除名为 Pressure 3in water 的载荷。

步骤3　修改边界条件
右键单击固定框架边线的第一个夹具，选择【编辑定义】。单击【标准】并选择【不可移动（无平移）】，确认蹦床的边被选中。单击【确定】，如图9-26所示。

步骤4　编辑算例属性
右键单击算例并选择【属性】。将【求解】选项卡中的【调整数】改为15。保留其他设置不变，如图9-27所示。

图9-26　修改边界条件

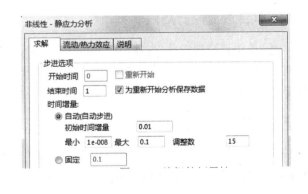

图9-27　编辑算例属性

步骤5　设置高级选项
单击【高级选项】按钮，更改【方法】选项组中的【控制】为【位移】，保留默认的【迭代方法】为【NR（牛顿拉夫森）】。

在【位移控制选项】选项组中，选择 SOLIDWORKS 参考特征【Point1】。注意，这个点位于蹦床的中心，以检测它的最大位移。更改【所选位置的位移分量】为【UZ：Z 平移】，单位为【mm】，如图 9-28 所示。

步骤6 编辑时间曲线

单击【位移随时间变化】右侧的【编辑】按钮，输入下面的点来定义 Point1 的 Z 分量位移随伪时间的变化：[0，0]，[1，200]。单击【视图】按钮，查看【时间曲线】图表。单击【确定】，确认这条时间曲线。单击【确定】，确认算例的属性，如图 9-29 所示。

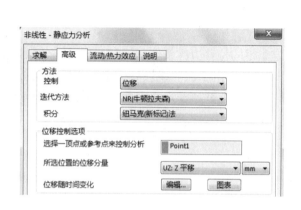

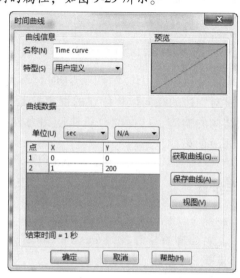

图 9-28 设置高级选项   图 9-29 编辑时间曲线

> **提示** 此处设置最大位移为 200mm，是为了和算例 NL Force control 的结果进行比较，即最大位移达到 191mm 的算例。
>
> 在初始阶段，分析可能需要克服一些不稳定因素（力控制分析在这个阶段曾经立即失败）。因此，将【调整数】提高至 15。

9.4.2 单自由度控制局限

注意，【位移控制选项】选项组只允许用户选择单个点的一个自由度，这是为什么呢？

对一个点沿一个方向的自由度给定位移，是判断模型其余节点位移的完全充分条件。它们的数值取决于结构的刚度和结构受到的加载模式。控制多个自由度会对结构造成过约束，而且也是不现实的。

9.4.3 在位移控制方法中的加载模式

我们也必须回答下面这个问题：我们的结构受到的载荷是什么类型的？因此，下面介绍一个任意大小的压力边界条件，比如压力 $p = 1$。

步骤7 添加外部载荷

右键单击【外部载荷】选择【压力】，对蹦床的表示应用【垂直于所选面】1Pa 的均匀压力。单击【确定】，如图 9-30 所示。

步骤8 运行算例

分析需要大约 5 分钟完成，因为它必须克服初始的不稳定阶段。

步骤9　图解显示位移结果

在【结果】文件夹下方，在时间 $t=1$ 的时刻生成一个新的【URES：合位移】图解，右键单击选择【编辑定义，设置【变形形状】为【真实比例】，如图9-31所示。

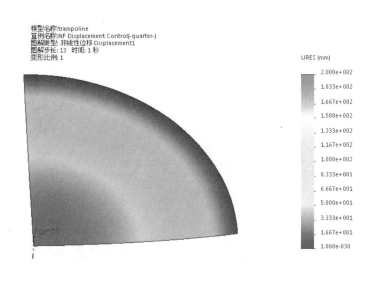

图9-30　添加外部载荷　　　　　　　　　**图9-31　位移图解**

在 $t=1$ 时刻，可以观察到蹦床中心的最大位移为200mm，也就是我们在算例 NL Displacement Control 的属性中给定的最大值。

为了图解显示对应控制点特定位移值的压力大小，将在【结果】文件夹下定义一个新的图表。

步骤10　图解显示中点响应图表

右键单击【结果】文件夹并选择【定义时间历史图解】，定义一个响应图表，如图9-32所示。更改【位移分量】为【URES：合位移】，确认单位为 mm。单击【确定】接受这些选项，如图9-33所示。【响应图表】将会显示出来，下面先来修改这些设置。

图9-32　定义时间历史图解　　　　　　　**图9-33　修改参数**

步骤11　修改图表设置

当【响应图表】显示时，竖轴数值小数精度只有两位，这有可能是不够的。为了更改属性，右键单击图表内的任意位置，并选择【Axes】选项卡，选择 Y 轴。在【Axes】选项卡中，单击【Annotation】。单击显示内容为【Values】的 Anno. 旁边的□按钮，如图9-34所示。

109

更改【Precision】的数值为 3，单击【OK】，如图 9-35 所示。再单击【确定】，现在可以从图表中读到足够的精度，以判断可以将蹦床偏移 200mm 的水量。

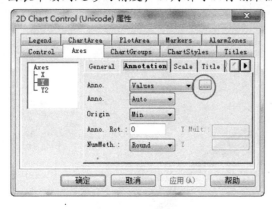

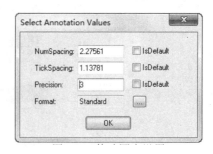

图 9-34　修改图表设置　　　　　　　　　图 9-35　修改图表设置

步骤 12　查看响应图表

可以观察到，蹦床中心出现 100mm 的偏移量，对应的压力大小一定是 110.653 × 1 = 110.653Pa（载荷因子乘以输入的压力值）。进行转换之后，推导出大约需要 12.7mm 的水，即 0.5in。还可以观察到中点偏移量 191mm 对应着压力 747 × 1 = 747Pa。这是符合预期的，这就是算例 NL Force Control 中输入的压力值，如图 9-36 所示。

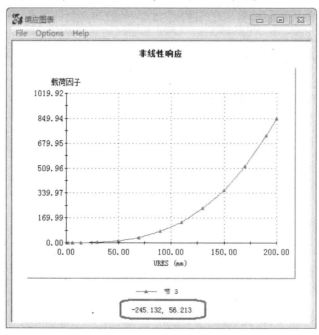

图 9-36　查看响应图表

步骤 13　输出图表数据

下面输出 Microsoft Excel 可以读取的响应数据格式。在【响应图表】对话框中，选择【File】/【Save As…】，选择保存路径。重命名该文件为 Response_Lesson2.csv 或类似的名称。

现在，可以很轻松地使用导出的图表数据生成 Excel 图表。

9.5　总结

在本章中，主要介绍了两种控制方法：力控制和位移控制。

在力控制方法的问题中，我们增加指定的压力，其数值基于指定的时间曲线，逐渐地从 0 增加到完全数值。

在初始阶段，蹦床近乎为零的弯曲刚度导致分析失败。由于这个原因，我们必须添加一个维持稳定的压力，在应用压力载荷之前使蹦床产生一定的拉伸。

在本章的第二部分，我们使用位移控制方法来求解同一问题。通过学习得知，是不允许指定一个非零的位移边界条件的，而且可以控制的是一个顶点的一个自由度。这个控制点的位移是由时间曲线进行控制（给定）的，求解的结果是对应的载荷（水压）。

使用两种控制方法得到的结果是一致的。

9.6　提问

1. 如果结构的几个位置给定了几个力和压力载荷，而且在时间曲线的帮助下逐渐递增其大小，则应该使用＿＿＿＿＿＿控制方法。

2. 如果在时间曲线的帮助下，几个结构位移在几个顶点被指定和控制，则应该使用＿＿＿＿＿＿控制方法。

3. 如果使用了位移控制方法，在各顶点额外指定的位移（可以/不可以）在载荷（约束文件夹）下定义。

4. 薄膜件（拥有/不拥有）明显的弯曲刚度，它们只是通过＿＿＿＿＿＿力传输平面外载荷。

第 10 章 非线性静应力屈曲分析

学习目标
- 运行非线性大变形屈曲分析
- 使用弧长控制方法定义非线性屈曲分析的控制
- 比较线性屈曲和非线性算例的结果
- 理解对称结构初始扰动对屈曲的影响

10.1 实例分析：柱形壳体

在本章中，将对一个柱形壳体运行一次屈曲分析，并利用对称来简化计算。首先，运行一次线性屈曲分析并讨论其局限性；然后，运行一次线性静应力分析，获取非线性静应力屈曲分析的参数，将使用弧长增量控制技术，克服固有的非线性计算中的不稳定性；最后，对比和讨论线性和非线性算例得到的结果。

1. 项目描述

分析一个柱面扁壳受到中心点载荷下的屈曲，壳体由两个平行边简单支撑，而另外两个边则不受约束，如图 10-1 所示。模型参数如下：

(1) 半径　2540mm。

(2) 厚度　6.35mm。

(3) 宽度　508mm。

(4) Theta 截面　20rad（11.46deg）。

(5) 材料　铝合金 1060 合金。

(6) 参考载荷　1000N，中心点载荷。

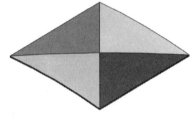

图 10-1　柱面扁壳

2. 关键步骤

(1) 线性屈曲分析　线性屈曲分析将给提供初步分析结果，以便和非线性分析结果进行比较。

(2) 线性静应力分析　为了评估用于非线性分析的一些参数，将运行一次线性静应力分析。

(3) 非线性静应力屈曲分析　使用非线性静应力分析，以获得对屈曲更准确的预测。

10.2 线性屈曲分析

为了查看线性屈曲分析，请先学习《SOLIDWORKS Simulation 高级教程（2016 版）》第 3 章的内容。本章将快速运行线性屈曲分析并和非线性分析进行对比。

操作步骤

步骤1　打开文件

从 Lesson 10 \ Case Study 文件夹下打开 Cylindrical Shell 文件。

步骤2　更改配置

因为结构和载荷是对称的，这里将只分析 1/4 模型。在 SOLIDWORKS Configu-rationManager 中，双击 Quarter Model 配置将其激活。在【视图】菜单中，选择【所有注解】以查看中心和边界。

步骤3　生成一个算例

从 Simulation 菜单中，单击【算例】，【类型】选择【屈曲】，在【名称】中输入 Linear Buckling-Quarter，单击【确定】。

步骤4　定义壳体表面

零件将采用壳体单元划分网格。在 Simulation 分析树中右键单击 Cylindrical Shell 实体，选择【按所选面定义壳体】。选择柱面体的顶面，壳体【类型】选择【细】，【抽壳厚度】输入 6.35mm，单击【确定】。

步骤5　应用材料属性

选择铝合金中的 1060 合金作为材料。

步骤6　生成网格

右键单击【网格】，选择【生成网格】。选择【草稿品质网格】，【整体大小】和【公差】分别指定为 7.36mm 和 0.368mm。使用【标准网格】，单击【确定】，如图 10-2 所示。

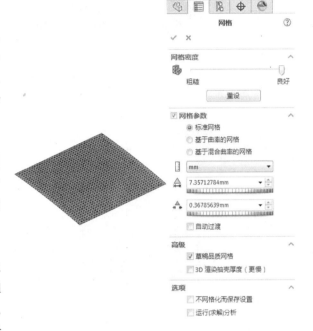

图 10-2　生成网格

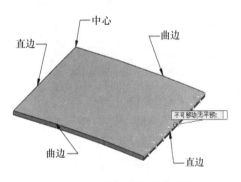

图 10-3　创建简单支撑夹具

步骤7　创建简单支撑夹具

对相对于中心的支撑直边，添加【不可移动(无平移)】的边界条件，如图 10-3 所示。重命名该边界条件为 Simply Supported Edge。

步骤8　添加对称夹具

对穿过中心的两条边线，添加【对称】夹具，如图 10-4 所示。

步骤9　添加力

右键单击【外部载荷】并选择【力】选择壳体对称点，如图 10-5 所示。选择【Top Plane】作为基准面方向。

设置【单位】为 SI，指定【力】为 250N，并选择【选定的方向】。确认力的方向朝下，如方向不对，勾选【反向】复选框，如图 10-6 所示。

单击【确定】保存力的设置，重命名载荷为 Center force。

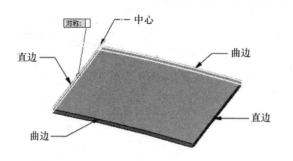

图 10-4　添加对称夹具

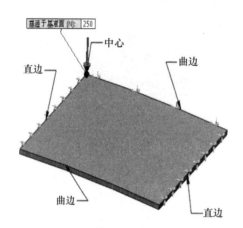

图 10-5　定义位置

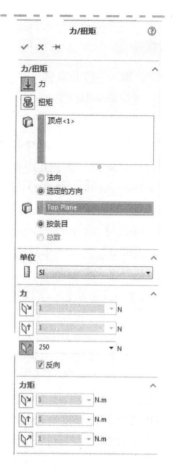

图 10-6　添加力

> 提示 　　加载到模型上总的力为 1000N，但由于使用了对称条件，所以这里使用 250N 的力。

步骤 10　运行算例

分析将顺利完成。

步骤 11　图解显示位移结果

对第一个屈曲模式定义【AMPRES：合成振幅】图解，如图 10-7 所示。

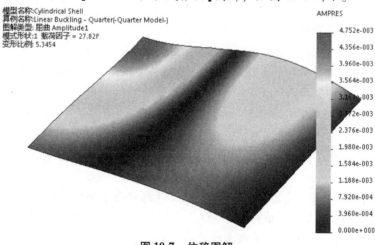

图 10-7　位移图解

提示 　　图解中的实际数量为合位移。这些数字的绝对值毫无意义，因为它们并不代表真实的位移，只是显示关于第一个屈曲模式的相对位移(形状)。

步骤12　动画显示第一个模式形状

在 Simulation 菜单选择【结果工具】/【动画】，用户还可以将动画保存为 AVI 文件。

步骤13　列举屈曲安全系数

右键单击【结果】文件夹，选择【列出安全系数】，如图 10-8 所示。

查看屈曲安全系数并单击【关闭】。可以观察到线性屈曲安全系数大致为 $\lambda_{1.linear}$ = 27.8，这意味着壳体在载荷 $1000 \times 27.8 = 27800N$ 作用下会失效(由于屈曲)。

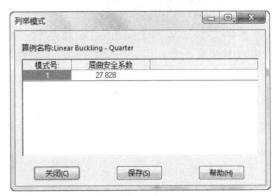

图 10-8　列举屈曲安全系数

线性屈曲：假设和限制　　线性屈曲假定在发生屈曲之前(通过限制平衡路径的突变点来定义)，结构形状并不显示较大改变。因此，通常需要小心处理结果。此外，线性分析不能分析后屈曲行为，而这些行为在某些应用中可能非常重要。因此将使用一个非线性算例来求解此问题，并对比两个算例的结果。

10.3　线性静应力分析

在进行非线性屈曲分析之前，将对本模型运行一次线性静应力分析，以便对预期得到的最大位移进行评估。

操作步骤

步骤1　一个静应力分析算例

创建一个静应力分析算例，并从屈曲算例中复制下面的特征：Cylindrical Shell、夹具、外部载荷和网格。确认排除了实体并定义了壳体厚度。

步骤2　运行算例

运行这个静应力分析算例，图解显示位移结果。注意到最大位移小于 0.5mm，如图 10-9 所示。

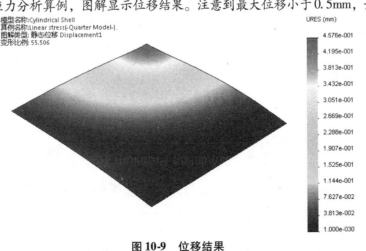

图 10-9　位移结果

10.4　非线性静应力屈曲分析

10.4.1　非线性对称屈曲

为了说明变形过程中的形状改变，将运行一次非线性分析。以便研究结构的后屈曲行为，这在某些设计中有时非常重要。该分析也会给我们提供关于屈曲载荷因子的更多准确预测。

操作步骤

步骤1　创建一个算例

复制算例 Linear Buckling-Quarter 为【非线性】/【静应力分析】算例，算例名称为 Nonlinear-Quarter。

步骤2　修改算例属性

右键单击 Nonlinear-quarter 的算例名称并选择【属性】。

> 提示　当使用弧长控制方法时，并不使用【初始时间增量】参数。

这个分析中不会用到【开始时间】和【结束时间】参数，随后将讨论此问题。确认勾选了【使用大型位移公式】复选框。【解算器】选择【Intel Direct Sparse】，如图 10-10 所示。

步骤3　设置高级选项

单击【高级选项】按钮。在【方法】选项组中，设置【控制】为【弧长】，【迭代方法】为【NR（牛顿拉夫森）】。设置【最大位移（对于平移 DOF）】为 30mm（随后将讨论这个问题）。保留【最大载荷式样乘数】为默认值 100 000 000，设置【最大圆弧步进数】为 100。保留【初始弧长乘数】为默认为 1。

选择【最大载荷式样乘数】和【最大圆弧步进数】定义了跟踪平衡路径的解算时间。【初始弧长乘数】参数控制的是初始步长的大小。

确认【最小】步长为 1×10^{-8}，【最大】步长为 0.1，【调整数】为 5。保留所有其他选项为默认值，单击【确定】，如图 10-11 所示。

图 10-10　修改算例属性

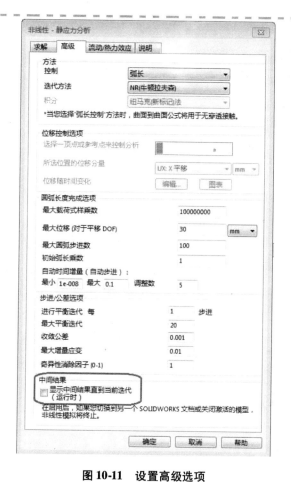

图 10-11　设置高级选项

1. 弧长：参数　　当使用【弧长】控制方法时，不必指定任何时间曲线（载荷和结构响应都不受控制）。因此，当设置非线性算例属性时，传统的步进选项已被禁止使用了。

选项【初始弧长乘数】（在【高级】选项卡中）和【最大】时间增量与初始和最大弧线"长度"（或步长大小）相关。它们之间到底是怎样相关的不能立即呈现。因此建议保持【初始弧长乘数】为 1，【最大】时间增量为 0.1。当求解完成并得出平衡路径时（或者分析失败后得到的部分路径），可以判断是否要修改基于点分布的参数。

考虑下面三种情况，如图 10-12 所示。

在上面的三个样例中，相对于平衡路径的整体"长度"和形状，初始弧长的大小是恰当的。因此，【初始弧长乘数】应保留默认值为 1。如果相对于平衡路径而言初始步长太大，而且路径中的某些重要部分发生丢失，则需要减小【初始弧长乘数】的数值。

在【高级】选项卡中，【最大载荷式样乘数】一般保留其默认数值 100 000 000。更多时候是控制【最大位移（对于平移 DOF）】选项，这个数值应该合理地反映出预期的结构最大位移。对该数值的有效评估由以下公式给出：

估计的【最大位移】= 2 × （线性屈曲载荷因子）× （静应力分析算例中的最大位移）

在本实例中，可以得到：估计的【最大位移】= 2 × 27. 8 × 0. 5 = 30mm

这就是【响应图表】对话框中的数值。

最后，【最大圆弧步进数】选项指明了打算跟踪平衡路径的解算时间（首先假定【最大位移（对于平移 DOF）】没有得到满足）。

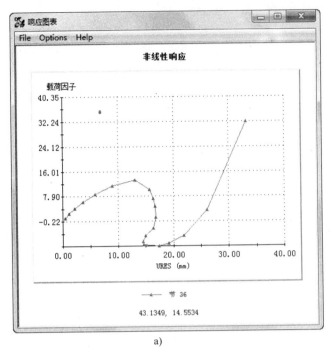

a)

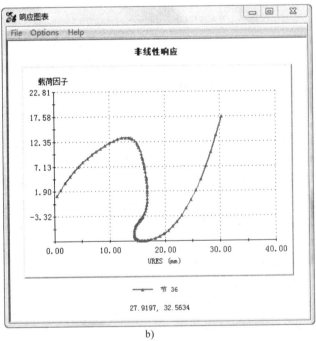

b)

图 10-12　响应图表

a)【初始弧长乘数】=1，【最大】时间增量=1，【最大圆弧步进数】
=20。这样描述的平衡路径显得有些过于粗糙，而且有可能不够完整。
因此需要修改参数，然后重新运行该算例

b)【初始弧长乘数】=1，【最大】时间增量=0.1，【最大圆弧步进
数】=500。这样描述的平衡路径可以认为是最佳的

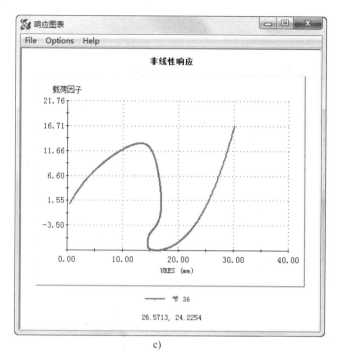

图 10-12　响应图表(续)

c)【初始弧长乘数】=1,【最大】时间增量=0.01,【最大圆弧步进
数】=1000。这样描述的平衡路径过于密集,求解时间可能会很长

步骤4　设置结果选项

为了查看中点位置的结果,右键单击【结果选项】并选择【定义/编辑】。在【响应图解】选项组中,选择传感器清单为【Workflow Sensitive1】。模型中已经定义好了这个传感器,该传感器位于壳体中心,即载荷加载的地方。用户可以在 FeatureManager 设计树中看到它。

在【保存结果】选项组中,确认选择了【对于所有解算步骤】。单击【确定】保存设置,如图 10-13 所示。

步骤5　运行算例

分析可以顺利完成。

步骤6　查看位移结果

在求解结束时定义一个【URES：合位移】图解,如图 10-14 所示。

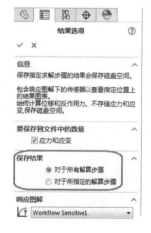

图 10-13　设置结果选项

 提示　　分析这个结构,直到中点达到最大位移约30mm,或最大圆弧步进数达到最大值100。首先满足的是最大圆弧步进数。

步骤7　动画显示位移

注意,在动画中显示的变形形状明显不同于从算例 Linear Buckling-Quarter：中得到的动画。尤其需要注意的是,在中点位置位移从下至上的临时转向。

119

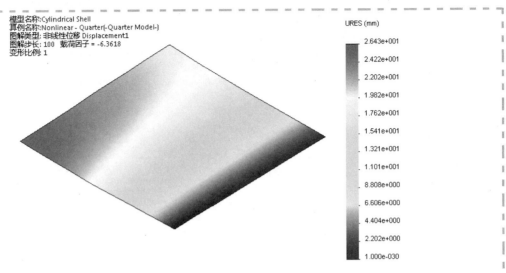

图 10-14　位移图解

仔细查看分析过程中中点发生的情况，可以提供力变化的图表。

步骤8　图解显示响应图表

右键单击【结果】文件夹并选择【定义时间历史图解】，如图 10-15 所示。传感器中选择的顶点将会出现在【预定义的位置】列表中。对【X 轴】选择【URES：合位移】，设置【单位】为 mm，如图 10-16 所示。

单击【确定】绘制图表

图 10-15　选择定义时间历史图解

讨论　可以发现中点沿平衡路径有几个关键点，如图 10-17 所示。

图 10-16　设置参数

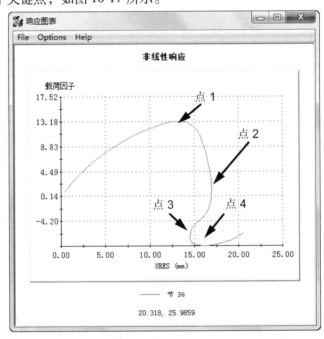

图 10-17　响应图表

（1）**点1**　结构不再临时稳定。当力开始减少时，中点的位移持续增加。对应该点的载荷因子（大约 13.1)是从非线性算例中得到的屈曲因子。对应这个因子的屈曲因子为 1000N × 13.1 = 13100N，它比线性算例中得到的屈曲力(27.8kN)的 50% 还小。其结果是，线性屈曲高估了初始屈曲力，这一点必须牢记。当对线性屈曲结果没有信心时，通常需要非线性分析来准确预测结构性能。

(2)点 2　这个点的特点是，加载的力继续下降，而中点的位移也开始减小(位移反转)。

(3)点 3　力仍然下降，而中点的位移反转并重新开始增加。注意施加的力改变了它的方向！

(4)点 4　施加的力和中点的位移都增加，而且会持续保持这样的状态，直至结构由于拉伸应力超出材料的拉伸强度而失效。

2. 对称和非对称平衡，分歧点的对比　根据之前的两个算例，我们可以作出结论：当力到达约 13.1kN 时，结构会发生屈曲。然而，屈曲的现象非常复杂，我们有必要质疑当前的结果。这个结构在几何、支撑和载荷方面都是对称的，因此只用 1/4 的简化模型，并应用了对称的边界条件。这些条件"强制"结构对称地发生屈曲。

事实上，和对称的非线性结果相比，我们观察到对称的壳体在非常小的载荷下都会发生屈曲。当增加载荷到一定水平时，结构会以一个特定的方式表现出来，而不管是否强制使用了对称条件。一旦达到了指定的载荷大小(在平衡路径中这个点被称为分歧点)，会出现下面两种可能：

- 如果强加了对称条件，结果会沿着对称屈曲平衡求解路径。
- 如果无限小的扰动导致结构偏离对称的结果，结构将沿着非对称屈曲平衡求解路径。

10.4.2　非线性非对称屈曲

下面将通过分析整个结构重新求解上面的问题，会对此对称模型引入一个小的扰动，即将作用力的加载位置稍稍偏离壳体的几何中心。

操作步骤

步骤 1　激活配置 Default
在 Configuration Manager 中激活配置 Default。

步骤 2　生成非线性算例
生成一个名为 Nonlinear-Full 的非线性算例。

分析整个模型的几何形状，并注意靠近中心的小三角形，如图 10-18 所示。我们将使用这个特征来生成非对称网格，并在稍稍偏离中心的位置加载力。

图 10-18　小三角形区域

步骤 3　设置壳体
在 Simulation 分析树中右键单击 Cylindrical Shell 实体，选择【按所选面定义壳体】。选择柱面体顶部的五个面。确认选择了前面步骤中提及的小面。壳体【类型】选为【细】，并在【抽壳厚度】中输入 6.35mm，单击【确定】。

步骤 4　定义材料

注意　应用铝合金中的 1060 合金。确认使用的是【线性弹性各向同性】材料模型类型。

步骤 5　添加简单支撑
沿着顶部直边生成【不可移动(无平移)】的夹具，如图 10-19 所示。
确认选择的是定义的壳体上的边线，重命名夹具为 Simple support。

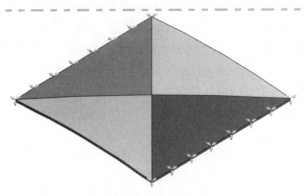

图10-19 支撑约束

步骤6 添加垂直作用力

在靠近中点的小三角形中两个顶点中的任何一点应用1000N的垂直作用力（图10-20），注意不要将力直接作用在中点上。

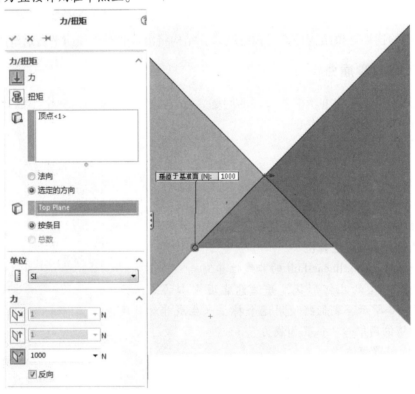

图10-20 添加垂直作用力

选择 Top Plane 作为定义方向的基准面，确认力的方向朝下（沿 y 轴的负方向），重命名边界条件为 Center force。

步骤7 应用网格控制

对靠近中点的小三角形表面应用网格控制，设置【单元大小】为0.25mm，【比率】为1.3，如图10-21所示。

步骤8 对模型划分网格

使用【草稿品质网格】对模型划分网格，选择【标准网格】，设置【整体大小】为18mm，【公差】为0.90mm，最终的网格如图10-22所示。可以发现网格是非对称的。

步骤9　设置结果选项

和之前的非线性算例一样，将查看中点处的结果。按照 Nonlinear-Quarter 算例的步骤定义中点的响应数据，这些数据将被保存用于出图。

步骤10　指定算例 Nonlinear-Full 的属性

指定和 Nonlinear-Quarter 算例完全相同的算例属性。

步骤11　运行算例

非线性分析将需要大约10min 完成。

步骤12　查看位移结果

在【结果】文件夹下，对最后一个求解步长定义【URES：合位移】图解，如图 10-23 所示。

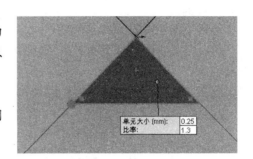

图 10-21　应用网格控制

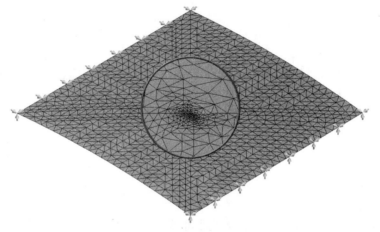

图 10-22　对模型划分网格

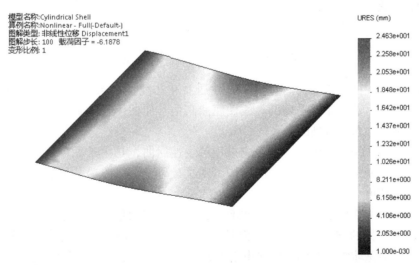

图 10-23　位移图解

步骤13　动画显示位移

按照算例 Linear Buckling-Quarter 的对应步骤，动画显示结构的变形。可以观察到在结构的某些点会发生非对称屈曲，形状明显不同于在算例 Nonlinear-Buckling-Quarter 中得到的

123

合位移结果。

步骤14　图解显示响应图表

右键单击【结果】文件夹，选择【定义时间历史图解】，绘制中点处载荷因子随合位移变化的图表，如图 10-24 所示。

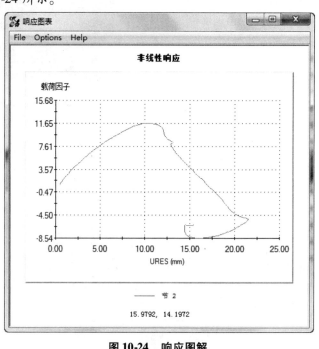

图 10-24　响应图解

可以看出中点处的平衡路径差异很大，从这个非线性算例得到的载荷因子(11.6)比对称模型的非线性结果的载荷因子(13.1)小 13%。也可以增加【最大圆弧步进数】到 250 并再次求解分析，会发现平衡路径非常复杂，形成了一个闭环。

10.5　总结

本章学习了结构的屈曲现象，我们对比了线性屈曲和非线性结果，并介绍了非对称屈曲的概念，从安全设计的角度而言，这是非常重要的。线性屈曲高估了屈曲因子的数值，在我们的实例中，线性屈曲的估算值超过非线性求解得到的结果的 50%。

是否需要运行一个非线性算例，或是否应该相信线性屈曲，是很难做出决定的，这完全取决于分析的经验。一般而言，如果在屈曲发生之前结构出现了显著变形，需要采用非线性的解决方案，以得到屈曲载荷下准确的估值。

还可以观察到，对称变形下得到的结果并不一定就是保守的估计。当引入一个小的扰动时，结构通过非线性分析以非对称的方式发生屈曲，而且得到甚至更小的载荷因子 11.6。从实用的角度而言，对称结构的非对称屈曲是非常重要的，例如由于加工不完善导致的载荷加载不对称时。

10.6　提问

在本次分析中，我们：

1. 选择_____控制方法。

2. 对_____选择这种控制方法和_____控制方法，因为在非线性求解中得到的平衡路径显示了_____和_____点。这两种控制方法在这两个点都无法收敛。

3. 线性屈曲一般会(高估/低估)载荷因子。

4. 非对称屈曲和对称屈曲比较而言，可得到(更小/更大)的载荷因子值。

5. 在设计中(会/不会)考虑非对称屈曲。

练习 10-1　架子的非线性分析

在本练习中，将对一个架子进行一次屈曲分析。

本练习将应用以下技术：

- 线性屈曲。
- 非线性非对称屈曲。
- 弧长：参数。

1. 问题描述　架子的结构包含两个中间隔板和两个端部，并且固定在底端。每层隔板(自上而下)分别受到45N、90N 和440N 的载荷，如图 10-25 所示。

分析架子的最高 von Mises 应力、最大位移以及在分析中加载书和其他出版物时的屈曲安全系数。首先，需要运行线性静应力分析和屈曲分析，以快速评估结构性能和稳定性。然后，将采用非线性算例来求解相同的问题。因为屈曲现象是预料之中的(相对薄的结构受到压缩载荷)，我们会使用弧长控制方法。最后还将对比和讨论线性和非线性的结果。

装配体模型包含四个钣金零件，并使用壳单元划分网格。对应中间隔板的零件被使用了两次(两个实体 Plate3)。装配体中的所有零件材料都是合金钢。

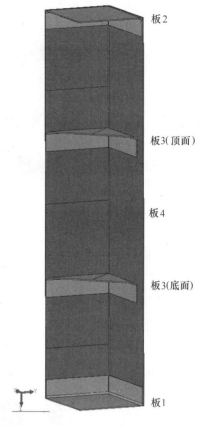

板2
板3(顶面)
板4
板3(底面)
板1

图 10-25　架子

125

操作步骤

步骤 1　打开装配体文件
打开 Lesson10 \ Exercises 文件夹下的文件 shelf。

步骤 2　新建算例
新建【静应力分析】算例并命名为 Static Stress。

步骤 3　应用材料
对零件文件夹下的所有壳体应用合金钢的材料。

步骤 4　添加夹具
对底层隔板(Plate 1)的底面添加【固定几何体】夹具，如图 10-26 所示。

步骤 5　添加力
对架子各层的表面分别指定大小为 45N、180N 和 900N 的法向力，如图 10-27 所示。

步骤 6　生成网格
使用默认的数值，【整体大小】为 12.6mm，【公差】为 0.63mm，选择【标准网格】。

步骤 7　运行算例

步骤 8　查看应力和位移结果

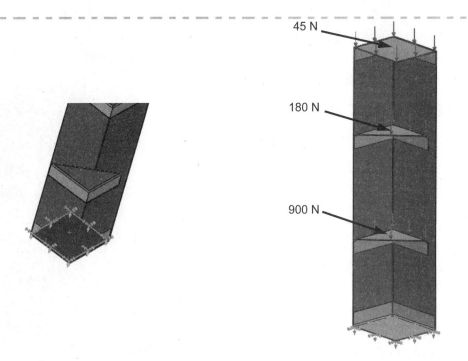

图 10-26　添加夹具　　　　　　　　　　　　图 10-27　添加力

图解显示 von Mises 应力与合位移，确认【变形形状】设定为【真实比例】，如图 10-28 所示。

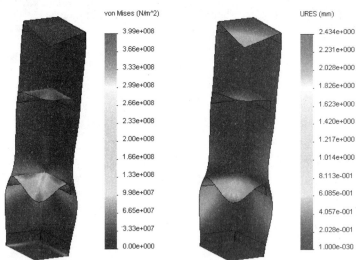

图 10-28　查看结果

注意到最大应力小于材料的屈服应力，位移大约为 2.4mm。

2. 线性屈曲分析　　下面将运行一次线性屈曲分析。

步骤 9　创建新的线性屈曲算例
创建一个新的【屈曲】算例并命名为 Linear Buckling。
步骤 10　复制算例属性

从静应力分析算例中拖曳零件、夹具、外部载荷和网格到屈曲算例中。

步骤11　运行算例

步骤12　列举屈曲安全系数

观察到屈曲安全系数大于1，也就是说，在屈曲安全系数等于2.7088时，根据线性屈曲分析而言我们的结构是安全的，如图10-29所示。

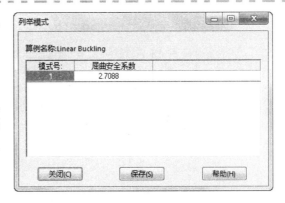

图10-29　列举屈曲安全系数

3. 非线性屈曲分析　现在要运行一次非线性分析，这会提供屈曲现象、结构的应力水平以及位移方面更准确的图像。还能对两个线性算例的准确性做更多的评价。

步骤13　新建非线性算例

新建名为 Nonlinear Buckling 的非线性算例。

步骤14　复制算例属性

从静应力分析算例中拖曳零件、夹具、外部载荷和网格到非线性算例中。查看所有三个隔板的力和各自的时间曲线，因为预测会发生屈曲现象，将使用弧长控制方法，而不使用时间曲线。

步骤15　设置结果选项

已经提前创建了一些传感器，用来观察各个位置的结果。

在【结果选项】中，【保存结果】选择【对于所有解算步骤】，【响应图解】选择【Workflow Sensitive1】，如图10-30所示。

步骤16　设置非线性算例的属性

确保【初始时间增量】和【最大】时间增量都设定为合理的数值。确认勾选了【使用大型位移公式】复选框。在【高级】选项卡中，选择【弧长】控制方法，使用"非线性静应力屈曲分析"这一章的公式，计算【最大位移（对于平移 DOF）】选项中的数值。对【最大圆弧步进数】选项设定合理的数值，使用【Direct sparse 解算器】。

步骤17　运行算例

步骤18　图解显示响应图表

图10-30　设置结果选项

对所选的四个顶点显示响应图解，如图10-31所示。

请注意，如果没有在平衡路径中得到跳跃点，则必须修改弧长方法的设置（也就是【最大圆弧步进数】、【最大位移（对于平移 DOF）】、【初始时间增量】和【最大】时间增量），然后重新运行算例。由于无法提前知道极点的位置，初始位置有可能是不理想的，如图10-32所示。

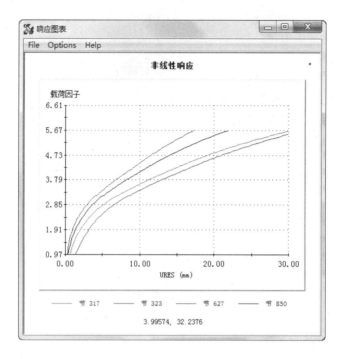

图 10-31 响应图表（1）

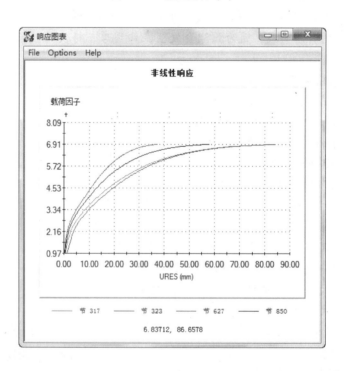

图 10-32 响应图表（2）

步骤 19 **显示载荷因子为 1 时的应力和合位移**（图 10-33）

步骤 20 **图解显示接近分析完成时刻的应力与合位移**（图 10-34）

128

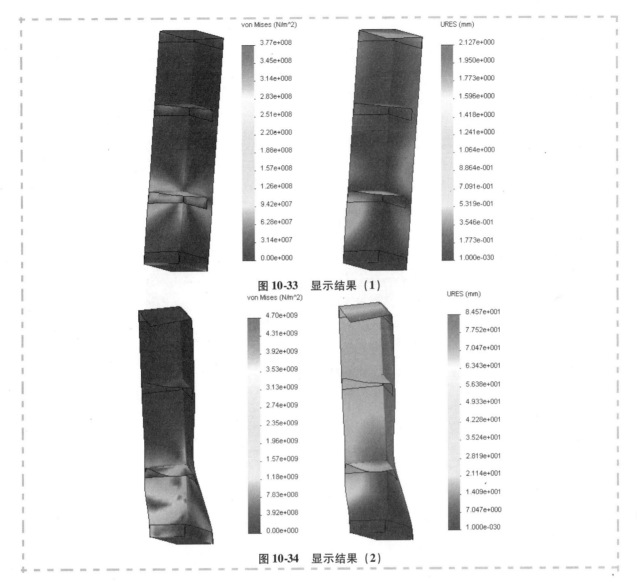

图 10-33　显示结果（1）

图 10-34　显示结果（2）

4. 讨论　可以注意到，在这个模型中，载荷因子看上去是持续增加的。有些结构的设计遵循这样的方法：材料的刚度不允许结构轻易发生屈曲，首先可能发生的会是屈服和过度变形。在本模型中，看到架子先发生扭曲，然后再弯曲。在非线性算例中可以看到，载荷因子为 1 的结果接近于线性算例的结果。然而，随着载荷持续增加，过度的变形和存在于模型中的应力成为首要关注对象，而不再是屈曲。

线性屈曲提供了屈曲载荷的快速评估。因为快速，这些结果也继承了线性分析的先天不足，也就是线性屈曲并不考虑架子变形所产生的刚度变化。对于某些结构（比如柱面壳体），这些局限是不可接受的，这时需要考虑使用非线性的解决方案。

通常情况下，线性屈曲会比非线性分析中得到的屈曲载荷提供更高的估值，因此必须小心处理。然而在一些情况下，线性屈曲的预测可以预示一定载荷下的屈曲，但在实际情况下，结构不会轻易发生屈曲，更多是由于屈服和（或）过度变形而发生的失效。本练习对架子模型的分析也揭示了这一现象。线性屈曲分析预测一定临界载荷下的屈曲，而非线性分析揭示的是更复杂的现象，即当屈服和（或）过度变形导致结构失效时，在更高的载荷作用下会发生明显的刚度下降。

5. 总结　在本练习中，我们比较了线性静应力和线性屈曲的估值，并和非线性算例得到的结果进行了对比。观察到非线性屈曲算例准确地描述了模型的特性，因为线性屈曲算例没有按可以接受的准确度来描述特性，是由于没有考虑到变形过程中的刚度变化。然而，一般来说，线性屈曲结果通常都需要谨慎对待，因为它们可能会明显高估载荷因子。

练习 10-2　遥控器按钮的非线性分析

在本练习中，将对控制设备上的移除按钮执行非线性分析。在电子部件和消费类设备上的按钮设计中，使用屈曲分析是非常常用的。

1. 问题描述　本练习将使用以下技术：

- 非线性非对称屈曲。
- 弧长法的使用。

该装配体组件由橡胶按钮和半导体组成。当按钮被按下时，它将两个半导体压缩在一起，如图 10-35 所示。本次练习中的分析目的是确定按下按钮所需的最大力。

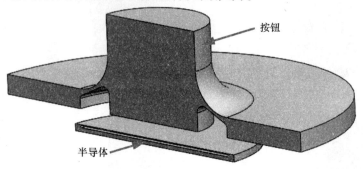

按钮

半导体

图 10-35　按钮模型

该按钮由硅橡胶制造，半导体使用高密度 PE 制成。由于按钮的轨迹在半导体上塌陷时显示出了弯曲不稳定性，因此将使用弧长控制方法来进行求解。

操作步骤

步骤 1　打开装配体文件

从 Lesson10\Exercises 文件夹中，打开 Remote control button 文件。

步骤 2　检查算例

查看其设置状态，确认非线性、二维简化、轴对称的算例已经被定义，并且命名为 Button press。

步骤 3　材料

两个组件的材料已经赋予好。

步骤 4　施加约束

将【滚动】/【滑块】约束施加到如图 10-36 中所示的三个面上。

步骤 5　施加载荷

在按钮顶部施加 1N 向下的力，如图 10-37 所示。

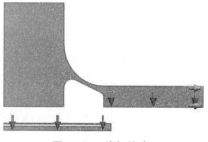

图 10-36　施加约束

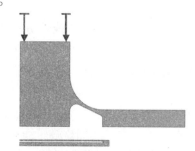

图 10-37　施加载荷

步骤6　定义按钮和半导体之间的接触

在指示面之间，定义【无穿透】的，【表面到表面】的接触，如图10-38所示。

步骤7　定义半导体之间的接触

在指定的面之间定义相同的接触，如图10-39所示。

图 10-38　定义按钮和半导体之间的接触

图 10-39　定义半导体之间的接触

步骤8　定义网格控制参数

在半导体的顶部两面上定义0.025mm网格控制参数，如图10-40所示。

在5个指示面上定义0.3mm网格控制参数，如图10-41所示。

对按钮上较薄部分的底面定义0.05mm网格控制，如图10-42所示。所有三个网格控制都使用默认的比率1.5。

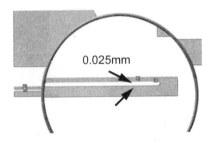

图 10-40　定义网格控制参数

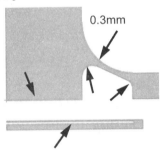

图 10-41　定义网格控制参数

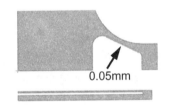

图 10-42　定义网格控制参数

步骤9　设置算例属性

保留【求解】选项卡上的默认设置。在【高级】选项卡上，【方法】组下面，设置【控制】为【弧长法】。在【弧长法完成】选项下，将【最大加载倍数】设置为1，【最大位移】（用于平移DOF）设置为1mm，【最大弧长步数】设置成为100，并且【初始弧长因子】设置为0.1。对于【自动时间增量】（自动步进），将Max设置为0.001。保持其余的参数为默认值。

步骤10　创建网格

创建高质量的基于曲线的网格，如图10-43所示。将【最大单元尺寸】设置为1mm，将【最小单元尺寸】设置为0.1mm，一个【圆弧上的最小单元数】为32，单元尺寸【增长比】为1.5。

步骤11　运行分析

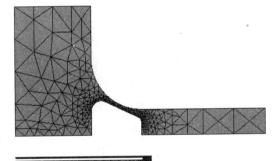

图 10-43　创建网格

131

步骤12　绘制响应图

绘制按钮顶部表面的任何顶点的响应图，如图10-44所示。将【负载因子】轴上的限制更改为1。

在按钮折叠到半导体条上之前，推动按钮所需的最大力约为0.2N。

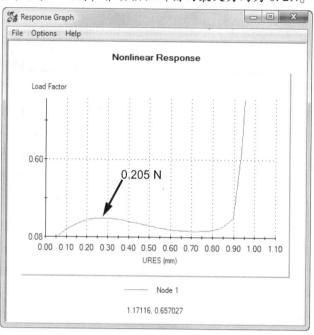

图10-44　绘制响应图

步骤13　绘制过程结束时的应力

在按钮的较薄部位上进行探测，可以发现最大应力略高于1MPa，如图10-45所示。

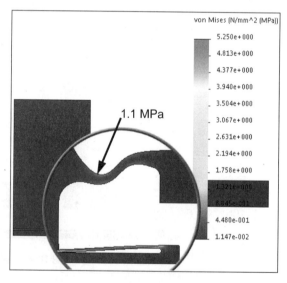

图10-45　绘制过程结束时的应力

2. 总结　将按钮推到临界位置所需的最大力为0.2N。然后该力将逐渐减小，直到按钮和半导体之间的接触进一步加深。随着接触的逐渐加深，力又将不断增大。

由于平衡轨迹表现出不稳定临界点，需要使用弧长控制方法来完全解决问题，力控制方法将无法获得完整的解决方案。

第 11 章　塑 性 变 形

学习目标

- 定义加载和卸载的伪-时间曲线
- 在弹塑性模型中使用双线性应力-应变曲线
- 使用并理解 von Mises 和 Tresca 塑性模型的差异

11.1　概述

本章将介绍塑性变形，在前面的章节中，材料模型都是线弹性的，也就是说材料的应变直接和应力成比例。此外，当卸载时，假设材料会完全恢复到初始形状。这类模型在低于材料的屈服强度时，可以准确描述大多数金属的应力值。然而，当达到屈服强度时，这个假设不再有效。此外，当载荷卸载时，由于材料超过了屈服强度，材料会保留部分发生的变形。

11.2　实例分析：纸夹

在这一章中，我们将对比一个纸夹在先加载超出屈服强度的载荷，然后再卸载的情况下，不同塑性模型的差异。我们将使用 von Mises 和 Tresca 两种塑性模型。首先将使用线弹性曲线来模拟材料的应力-应变曲线。对于一个非线性模型，将使用一个弹塑性材料模型，最后我们将对比和讨论结果。

1. 项目描述　由 AISI 1020 钢制成的纸夹，固定其内圈弯管，并在外圈弯管添加一个 1N 的载荷，如图 11-1 所示。结构将先添加载荷，然后完全卸载载荷。这可以让我们研究永久变形和材料 AISI 1020 内部的残留应力。

2. 关键步骤

（1）线弹性模型　使用线弹性模型运行模型，并与非线性算例进行对比。

（2）非线性弹塑性-von Mises
在 von Mises 塑性模型中使用非线性弹塑性应力-应变曲线。

（3）非线性弹塑性-Tresca

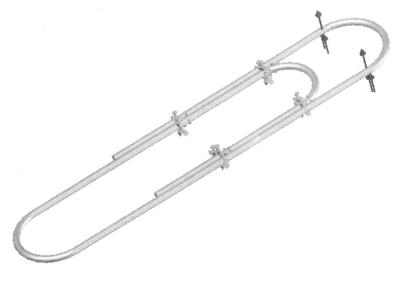

图 11-1　纸夹模型

在 Tresca 塑性模型中使用非线性弹塑性应力-应变曲线。

11.3 线弹性

贯穿整个加载情况，线弹性材料模型假定应力直接与应变成比例。在这个模型中，显示的最终结果将呈现纸夹在完全加载后的状态。当卸载后，假定材料会恢复至初始形状。

操作步骤

步骤1 打开文件

打开 Lesson11 \ Case Study 文件夹下的文件 paperclip。

步骤2 新建一个算例

新建一个算例并命名为 Linear，选择分析【类型】为【静应力分析】。

步骤3 约束模型

在内圈圆管的三个面上添加【固定几何体】夹具，如图 11-2 所示。

步骤4 添加力

选择外圈圆管，并选择【Top Plane】作为参考基准面，以确定力的方向。在【垂直于基准面】的方向添加 1N 的力，力的方向朝上，如图 11-3 所示。

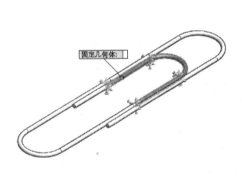

图 11-2 约束模型

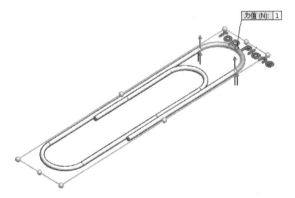

图 11-3 添加力

步骤5 应用材料

从 SOLIDWORKS 材料库中选择材料 AISI 1020 钢应用到纸夹模型。

步骤6 划分模型网格

使用【草稿品质网格】划分模型网格，设置【整体大小】为 0.40mm，【公差】为 0.02mm，选择【标准网格】，单击【确定】。

步骤7 运行算例

分析将顺利完成。

提示 如果弹出提示消息表明有大型位移，单击【否】，因为此时希望从线弹性分析中得到结果。

步骤8 查看应力结果

查看【von Mises 应力】图解，设置【单位】为 N/mm² (MPa)，【变形形状】选择【真实比例】，如图 11-4 所示。

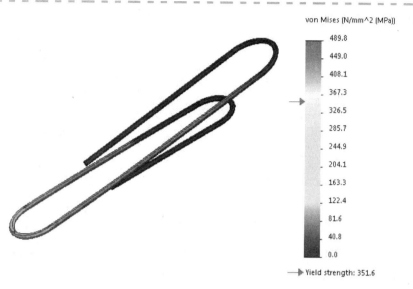

图 11-4　应力结果

可以看到最大 von Mises 应力大约为 490MPa，超出了材料 AISI 1020 钢（352MPa）的屈服强度，即图例中用箭头指示的地方。因此得出结论，材料已经屈服，线性结果不再准确。为了准确描述屈服后的行为，我们必须运行采用弹塑性材料模型的非线性算例。

步骤 9　查看合位移

双击 Displacement1 图标，查看合位移图解，如图 11-5 所示。

可以看到线性算例中合位移的最大值为 15.6mm。

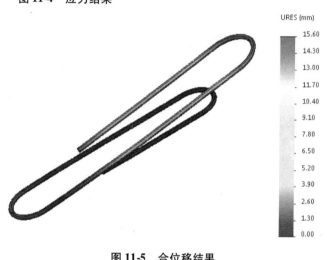

图 11-5　合位移结果

11.4　非线性：von Mises

因为材料在一些区域发生了屈服，因此将使用弹塑性模型，并使用大型位移非线性分析来求解这个模型。此外，非线性算例可以解释发生在模型中的大型位移。

操作步骤

步骤 1　复制非线性算例

复制算例 Linear 名为 Nonlinear von-Mises 的算例，选择分析【类型】为【非线性】。

步骤 2　修改材料

在 Simulation 分析树中右键单击 paperclip 图标并选择【应用/编辑材料】，如图 11-6 所示。

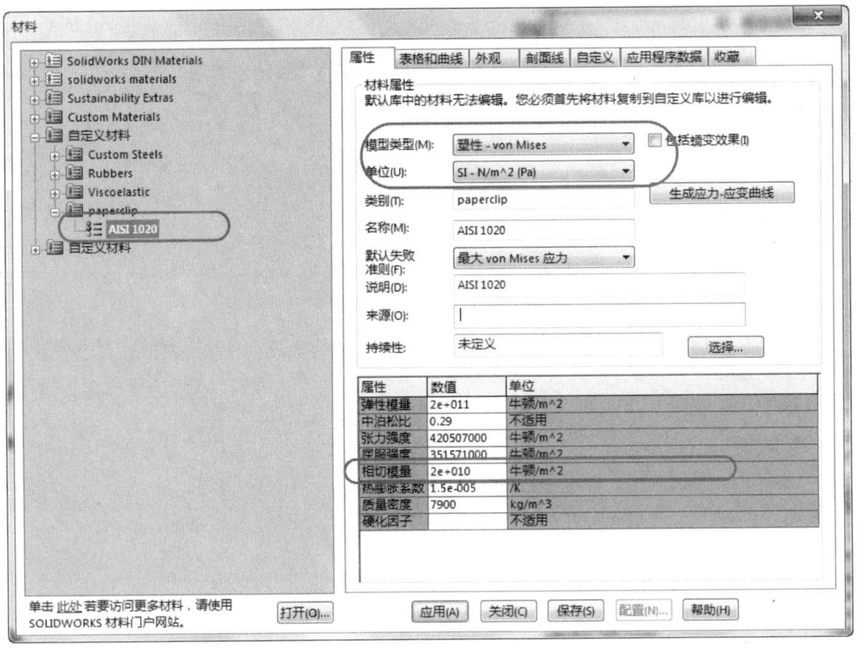

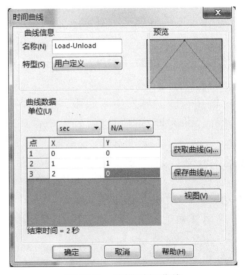

图 11-6 修改材料

将 AISI 1020 钢复制到自定义材料目录下。【模型类型】中选择【塑性-von Mises】，【单位】设定为 SI。在【相切模量】中输入 $2 \times 10^{10} \text{N/m}^2$，即线性弹性模量的 10%。单击【应用】后单击【关闭】保存设置。

> 提示　真实的应力-应变单向材料曲线可以通过双线性曲线逼近。

> 提示　除了对比在完全载荷下的最大合位移之外，还想研究载荷卸载后的永久变形。因此，必须重新定义【力/扭矩】的边界条件。

步骤3　定义加载和卸载的力

右键单击 Force-1 并选择【编辑定义】。在【随时间变化】选项组中，选择【曲线】，然后再单击【编辑】按钮，如图 11-7 所示。在【曲线信息】选项组中更改【名称】为 Load-Unload。在【曲线数据】对话框中输入下列点：[0,0]，[1,1]和[2,0]。指定的两个斜线函数代表分析过程中力的变化，如图 11-8 所示。

图 11-7 修改力

图 11-8 编辑时间曲线

提示 要新添一行数据，只需双击【曲线数据】对话框中【点】2 行的数字 3 单元格。同时，注意到这条曲线还要乘以力定义的数值(1N)。

单击【确定】接受【时间曲线】的编辑，单击【确定】保存力 Force-1 修改。

步骤 4 设置算例 Nonlinear von-Mises 的属性

【结束时间】：2；【初始时间增量】：0.01；【最小】时间增量：1×10^{-8}；【最大】时间增量：0.1；保留【调整数】为 5；【开始时间】等于默认值 0；在【几何非线性选项】选项组中，勾选【使用大型位移公式】复选框，并选择【解算器】为【Direct sparse 解算器】，如图 11-9 所示。

步骤 5 设置高级选项

单击【高级选项】，在【方法】选项组中选择了【力】控制和【NR(牛顿拉夫森)】迭代方法。保留其他所有设置为默认值。单击【确定】，如图 11-10 所示。

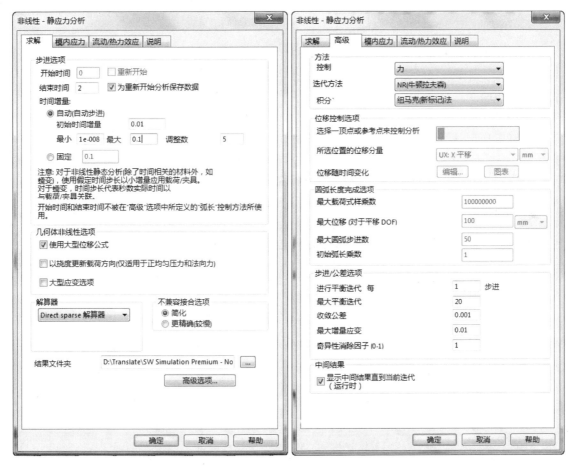

图 11-9 设置算例属性　　　　　　　**图 11-10 设置高级选项**

步骤 6 运行算例

分析将顺利完成。

步骤 7 在 $t=1$ 时刻生成应力图解

生成时间 $t=1$ 时刻的【VON：von Mises 应力】图解。这个时刻对应着作用力完全加载的时间点。设置图解的【单位】为 MPa，【变形形状】为【真实比例】(1:1)，如图 11-11 所示。

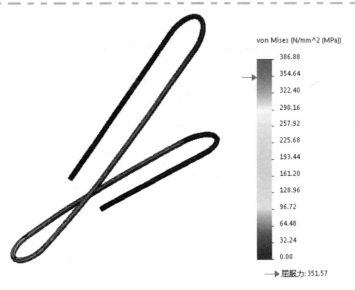

图 11-11　图解应力结果（1）

可以观察到最大的 von Mises 应力 386.88MPa 远低于线性算例对应的数值。这是因为材料在屈服后变得更软。也就是说，双线性应力-应变曲线在屈服之后更加平缓（ETAN 等于杨氏模量的 10%）。

步骤 8　生成 $t=1$ 时刻的位移图解

生成时间 $t=1$ 时刻的【URES：合位移】图解。设置【单位】为 mm，【变形形状】为【真实比例】，如图 11-12 所示。

可以观察到在 $t=1$（$t=1$ 时载荷最大）时的最大合位移为 20.5mm，这远大于从线性算例中得到的结果（最大的 URES $=15.6$mm）。这是由于模型的局部区域受到塑性变形而导致材料变软。

步骤 9　图解显示 $t=2$ 时刻的 von Mises 应力

在 $t=2$ 时载荷已经完全移除，然而由于发生永久变形，会看到一定程度的残留应力和永久变形。最终图解显示如图 11-13 所示。

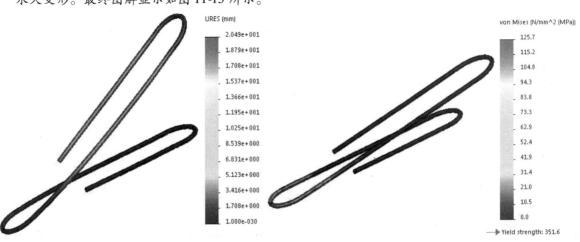

图 11-12　图解位移结果（1）　　　　　图 11-13　图解应力结果（2）

纸夹的最大残留 Von Mises 应力大约为 126MPa。

步骤 10　图解显示 $t=2$ 时刻的合位移

最大永久合位移大约为 6.7mm，如图 11-14 所示。

步骤 11　探测位移图解

探测纸夹顶部附近的节点(图 11-15)，然后单击【响应】按钮，如图 11-16 所示。

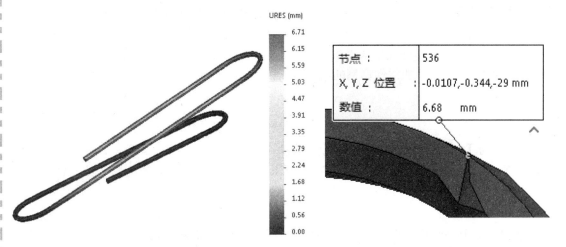

图 11-14　图解位移结果(2)　　　　　　　　　　　　图 11-15　探测结果

步骤 12　查看图解

如图 11-17 所示，响应图表显示分析过程中合位移的变化，观察到分析结束时的永久变形量为 6.5mm。

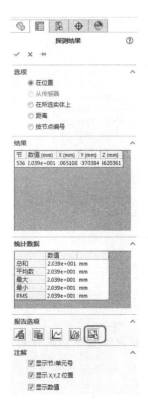

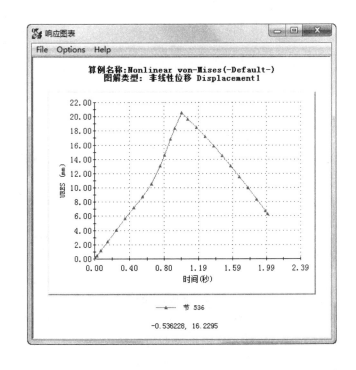

图 11-16　探测位移图解　　　　　　　　　　　　图 11-17　响应图表

139

11.5 非线性：Tresca

描述弹塑性的理论塑性模型有很多。在本章中，练习的是 von Mises 和 Tresca 模型，这两个模型特别适用于金属及其合金，这可以从众多实验和出版物中得到验证。von Mises 模型是一个工业标准，被分析师广泛使用于涉及金属及其合金的案例中。建议用户使用 von Mises 模型作为默认的针对金属的塑性模型，只有当实验确认某些金属适用于 Tresca 模型时才会使用它（假定可以提供这样的信息）。

本章接下来将使用 Tresca 塑性模型来求解该问题，这部分内容适用于对这个主题具有更深入兴趣的用户。我们将对比并讨论两个非线性算例的结果。

操作步骤

步骤1 为 Tresca 模型创建新的非线性算例

复制 Nonlinear-von Mises 算例，重命名为 Nonlinear-Tresca，唯一的修改就是对材料塑性模型的定义。

步骤2 编辑材料

在 Nonlinear Tresca 算例的【材料】对话框中，更改【模型类型】为【塑性-Tresca】，如图 11-18 所示。所有其他材料设置保持不变。

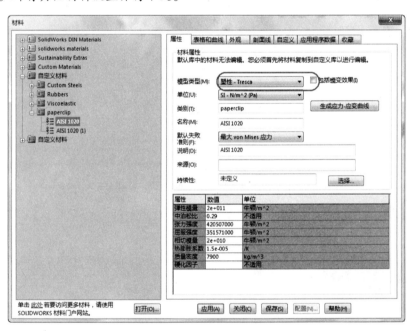

图 11-18 编辑材料

步骤3 运行算例

分析将顺利完成。

步骤4 生成 $t=1$ 时刻的应力图解

在"附录 C"中提到，当最大剪切应力 $(P_1 - P_3)/2$ 等于单向拉伸试验中屈服开始发生的剪切应力 $(\sigma_y/2)$ 时，特定材料点的屈服就会发生。为了评估根据 Tresca 屈服准则的屈服，将图解显示应力强度 $(P_1 - P_2)$ 的分布。

生成一个新的【INT：应力强度 $(P_1 - P_3)$】图解。设置【单位】为 MPa，调节步长【时间】t =1。【变形形状】选择【真实比例】，如图 11-19 所示。

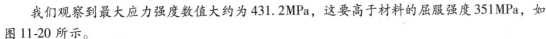
我们观察到最大应力强度数值大约为 431.2MPa，这要高于材料的屈服强度 351MPa，如图 11-20 所示。

图 11-19 设置应力图解

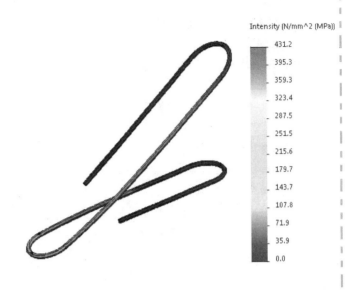

图 11-20 应力结果（Tresca 应力）

步骤 5 图解显示 von Mises 应力

作为比较，也将图解显示 $t = 1$ 时刻的 von Mises 应力分布，如图 11-21 所示。

可以发现，算例 Nonlinear Tresca 中的 von Mises 应力组成显示为略小的数值 380MPa。和最大应力强度值 431.2MPa 比较而言，这个结果说明有大约 13% 的差异。这个结果与 Tresca 模型更加保守的特点相符，它比 von Mises 模型预测的响应偏软。

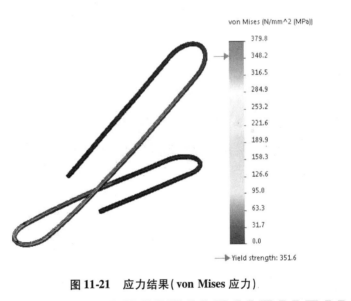

图 11-21 应力结果（von Mises 应力）

11.6 讨论

两个非线性算例在 $t = 1$ 时刻得到的最大 von Mises 应力并不相同：Nonlinear von-Mises 的值是 387MPa，Nonlinear Tresca 的值是 380MPa。这是符合预期的，因为在两种情况下塑性软化程度由不同规则控制。

11.7 应力精度（选修）

在本课的最后一部分，将演示正确的收敛应力结果的重要内容。在本课前面部分中使用的有限元模型与非常粗糙的网格啮合以快速获得结果。因此，应力结果不可靠；只使用应力值来展示材料可塑性的主题。为了证明网格对应力结果的影响，模型网格化将更细并且使用 von Mises 可塑性再次求解。

操作步骤

步骤1 定义非线性算例

复制算例 Nonlinear-von Mises 为一个新的【非线性】算例，重命名为 Nonlinear-VM。在【定义算例名称】对话框下，将新算例与【好网格】配置相关联。

步骤2 网格控制

在纸夹底部的圆形边缘上应用【单元尺寸】大小为 0.05mm 和【比率】为 1.1 的网格控件，如图 11-22 所示。

步骤3 划分网格

网格模型使用【高】质量元素，【全局单元尺寸】为 0.43mm，使用【标准网格】。

步骤4 运行算例

分析将在大约 15min 内成功完成。

步骤5 查看应力结果 $t=1$

可以观察到的最大 von Mises 应力为 540MPa，显著高于使用粗网格时计算的相应结果（387MPa），如图 11-23 所示。

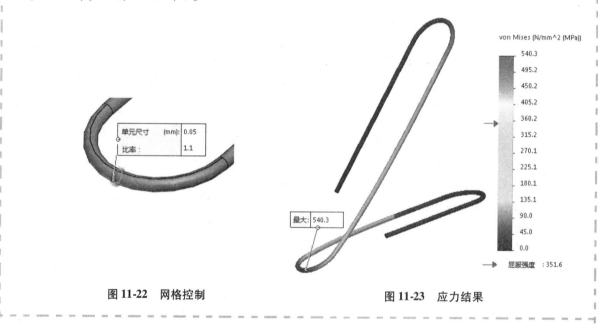

图 11-22 网格控制　　　　　　　　　图 11-23 应力结果

11.8 网格切片

当分析结果出现在高应力区域时，网格密度是一条重要的信息，能有助于得到结果的可靠性结论。网格切片（图 11-24）是一种方便的来分割模型的方法，并显示单元的分布并在它们的表面上绘制的应力结果。

步骤6 网格截面 右键单击【应力图】，然后选择【网格切片】。选择 Right Plane（右平面）作为参考，然后勾选【显示网格边缘】复选框。单击【确定】。

可以观察到最高应力出现在纸夹的外侧。还可以看到，应力在单元上逐渐变化。虽然更细化的网格可能在某种程度上仍然可以改变应力结果，但是当前网格水平足以用于工程设计，如图 11-25 所示。

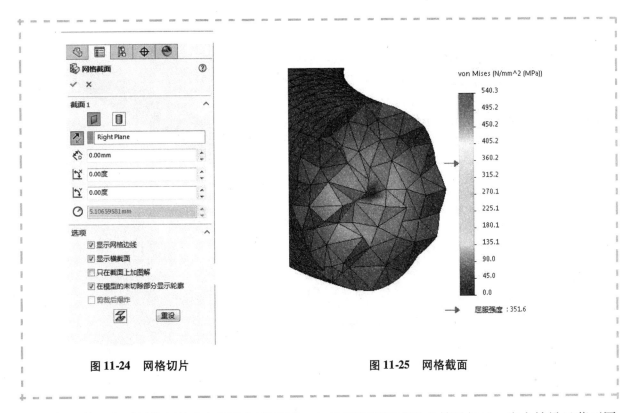

图 11-24　网格切片　　　　　　　图 11-25　网格截面

我们还使用高质量的网格和细网格解算模型。与使用粗网格获得的结果相比，应力结果显著不同。这证明了正确网格细化的重要性。

11.9　总结

如果模型中的部分材料发生屈服，线性算例提供的预测是不正确的。在这种情况下，必须引入弹塑性材料模型。对比了两个弹塑性模型：von Mises 和 Tresca。Tresca 模型通常更加保守。结果显示两个模型之间的最大偏差为 13%。

143

11.10　提问

在本次分析中：

1. 使用了三种不同的材料模型求解纸夹算例：_____、_____ 和 _____。

2. 如果结构中的任何材料点_____，线弹性材料模型不再有效。

3. SOLIDWORKS Simulation 提供的两个弹塑性模型为：_____ 和 _____。（_____ 模型更加保守）。

4. 实验表明真实金属性能（高于 von Mises/介于 von Mises 和 Tresca 之间/低于 Tresca）材料模型的预测。

5. von Mises 和 Tresca 模型之间预测的最大差别为_____%。

练习 11-1　使用非线性材料对横梁进行应力分析

在本练习中，将使用非线性材料模型对一根横梁进行应力分析。

本练习将应用以下技术：

- 塑性变形。
- 非线性弹性模型。

1. 问题描述 图 11-26 所示的长方形横梁是一个半对称模型，实体横梁的长度为 508mm，横截面尺寸为 50.8mm × 50.8mm。横梁受压时的弹性模量为 69GPa，受拉时的弹性模量为 6.9GPa。竖直方向的力作用在悬臂梁的端部。执行线性和非线性分析后再对比二者的结果。

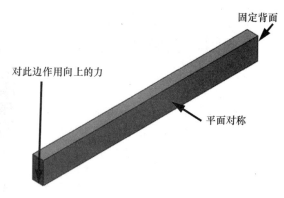

图 11-26 应力结果

操作步骤

步骤 1　打开零件

打开 Lesson11 \ Exercises \ Beam 文件夹下的文件 beam。

步骤 2　激活配置 Symmetry

确认配置 Symmetry 处于激活状态。

步骤 3　新建算例

新建一个线性【静应力分析】算例并命名为 Linear。

步骤 4　定义材料

定义一个【自定义】的线弹性材料并名为 Lesson11，指定【弹性模量】为 69GPa，【泊松比】为 0.3，【质量密度】为 1kg/m³，【屈服强度】为 69MPa。

> 提示　因为模型是线弹性的，本仿真不会使用屈服强度。

步骤 5　添加约束

对横梁的一个端面添加【固定几何体】的夹具，如图 11-27 所示。

步骤 6　添加对称约束

在对称面上应用对称约束，如图 11-28 所示。

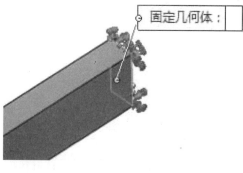

图 11-27 添加约束

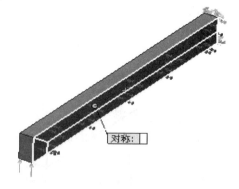

图 11-28 添加对称约束

步骤 7　添加载荷

在自由端的水平底部边线添加 4500N 的力，如图 11-29 所示。

步骤 8　生成网格

使用默认数值生成【草稿品质网格】，使用【基于曲率的网格】。

步骤 9 运行算例

步骤 10 图解显示合位移

图解显示【URES：合位移】，如图 11-30 所示。

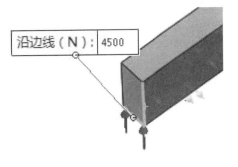

步骤 11 新建非线性算例

新建一个【非线性】算例并命名为 Nonlinear。

步骤 12 复制算例属性

从算例 Linear 中复制实体、夹具、外部载荷和网格文件夹到算例 Nonlinear 中。

图 11-29 添加载荷

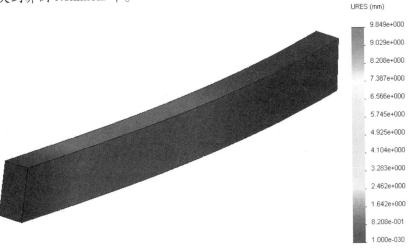

图 11-30 合位移图解

步骤 13 更改材料属性

指定模型类型为【非线性弹性】材料，【中泊松比】设定为 0.3。在【表格和曲线】选项卡中，指定由下列点定义的【应力应变曲线】：（-0.1，-6.9e9），（0，0），（0.1，6.9e8）。确认【单位】设定为 N/m^2，如图 11-31 所示。

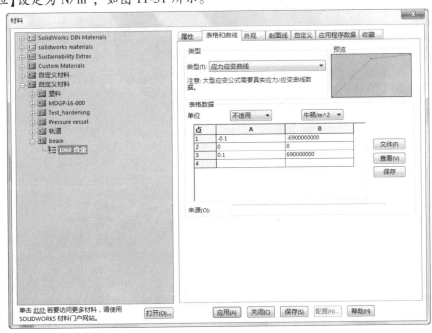

图 11-31 更改材料属性

145

步骤 14　力的增量

确认力是呈线性增加的，如图 11-32 所示。

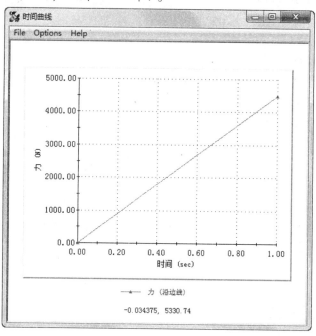

图 11-32　时间曲线

步骤 15　定义算例 Nonlinear 的属性

确认勾选了【使用大型位移公式】复选框。

步骤 16　运行算例

步骤 17　图解显示分析结束时的合位移

图解显示分析结束时的【URES：合位移】，如图 11-33 所示。

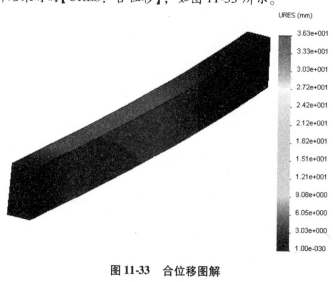

图 11-33　合位移图解

2. 总结　本练习使用了非线性弹性各向同性材料模型。通过在【材料】对话框中输入分段的线性应力-应变曲线来定义弹性模量。从算例 Linear 和 Nonlinear 中得到的横梁端部位移分别是 9.8mm 和 36.3mm。因此，线弹性分析低估了端部位移约 73%。

练习11-2　油井管连接

在本练习中，将对油井管连接进行分析，如图11-34所示。本练习将应用以下技术：

● 弹塑性模型

1. 项目描述　油井一般要钻入地球表层以下很深的地方，油井的构造一般分为多层。内管将油介质输送到包含多个标准长度管段的表层，这些管段的每端用螺纹联接。这些管段，尤其是连接部分受到较高的温度及压力环境考验，因此它们的设计和安装对油井运行是非常重要的。

螺纹联接不但要提供足够的强度和延展性，而且还必须保证密封特征以防泄漏。相关法律规定，石油泄漏可能导致油井关闭及巨额罚款。

如图11-35所示为两个管段典型的螺纹联接。通过管道螺纹旋入卡套，带斜角的端部一般称之为导柱，它与盒子部件肩部的斜面相接触。肩部几何体推动导柱挤压卡套壁面，从而产生接触压力。随着导柱和卡套两个零件发生变形，接触压力沿着界面发展，从而产生金属与金属之间的密封。沿着界面的接触压力决定联接处的密封性能。

2. 材料　表11-1列出了所有的材料属性，并不是所有参数都是必须的。

图11-34　油井

147

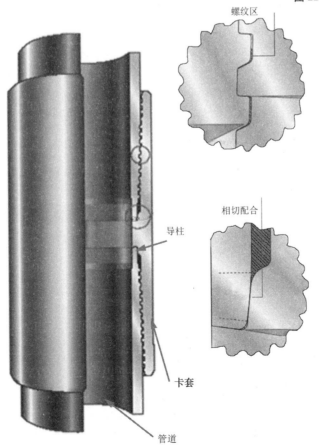

螺纹区

相切配合

导柱

卡套

管道

图11-35　螺纹联接

3. 加载条件　油介质的压力峰值为 64MPa。在求解过程中，应该忽略温度环境的参数。

4. 目标　进行一次必要的非线性分析，帮助用户判断金属与金属之间的密封是否可靠，能否阻止联接部分发生石油泄漏。本设计需要达到的安全系数是 3.1。肩部位置材料塑性应变最高应为 2%。

表 11-1　材料属性

名　称	数　值	名　称	数　值
弹性模量	230GPa	热胀系数	1.8×10^{-5}℃$^{-1}$
泊松比	0.29	热导率	2.27W/(m·K)
屈服强度	725MPa	比热	—
相切模量	2.7GPa	质量密度	7800kg/m³
张力强度	—		

请回答下列问题：

1）密封的长度是多少？

2）在极端情况下（安全系数为 1），密封能承受的最大压力是多少？

3）请提出某些设计修改方案来提高结合处的密封性能。

第 12 章 硬 化 规 律

学习目标

- 定义多个加载的伪时间曲线
- 使用双线性弹塑性模型
- 对比各向同性硬化和运动硬化规律的效果

12.1 概述

在附录 C 中曾提到，塑形流动中的硬化规律决定了材料的加载和卸载如何影响它们的屈服强度。

12.2 实例分析：曲柄

本章将对一个曲柄进行一次非线性静应力分析。然后会对比和讨论两种不同的硬化规律。需要注意的是，不同的材料将遵守不同的硬化规律，为了进行一次恰当的分析，必须了解给定材料的正确硬化规律。

1. 项目描述 如图 12-1 所示的曲柄由合金钢制成，它受到大小为 11000N 的周期性载荷作用。在本次分析中，只考虑一个加载周期。由于载荷的周期特征，模型的局部会在拉伸和压缩方面周期性地发生屈服。因此，必须解释一下使用硬化规律带来的包辛格效应。

我们考虑两种硬化规律：各向同性硬化和运动硬化，后面将讨论和对比两个算例的结果。

2. 关键步骤

（1）各向同性硬化 使用各向同性硬化规律并观察它对模型的影响。

（2）运动硬化 使用运动硬化规律并观察它对模型的影响。

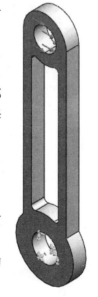
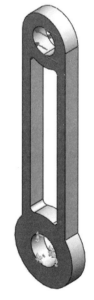

图 12-1 曲柄模型

12.3 各向同性硬化

我们要研究的第一种硬化规律是各向同性硬化，在各向同性硬化过程中忽略包辛格效应，加载发生改变时屈服点是不变的。

操作步骤

步骤1　打开零件

打开 Lesson12 \ Case Study 文件夹下的文件 CRANKARM。

步骤2　生成算例

新建一个【非线性】算例并命名为 Isotropic。

步骤3　添加约束

对模型基体部分的内侧圆柱面添加【固定几何体】夹具，如图 12-2 所示。

步骤4　应用材料

使用双线性应力-应变曲线的 von Mises 弹塑性模型。

在【模型类型】中选择【塑性-von Mises】，并输入下面的应力-应变特性：【弹性模量】为 2.2×10^{11} N/m², 【中泊松比】为 0.3，【屈服强度】为 2.2×10^8 N/m², 【相切模量】为 4×10^{10} N/m²。设置硬化因子为 0，如图12-3所示。

图 12-2　添加约束

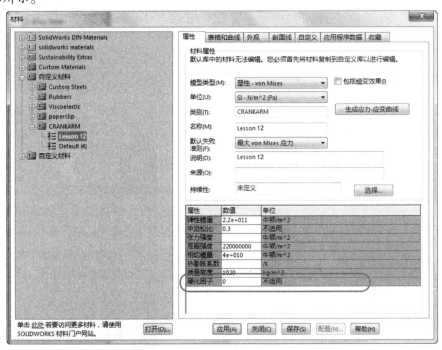

图 12-3　应用材料

> 提示　硬化因子 RK =0 对应采用各向同性硬化规律的情况。

步骤5　添加第一个力

在半个圆柱面上，按给定方向添加一个大小为 11000N 的力，如图 12-4 所示。

在【随时间变化】选项组中，单击【曲线】按钮，然后再单击【编辑】。在【时间曲线】对话框中，指定下面的点来表示分析过程中 11000N 力的变化：(0, 0)，(1, 1)，(2, 0)，(4, 0)，如图 12-5 所示。

图 12-4　添加力（1）

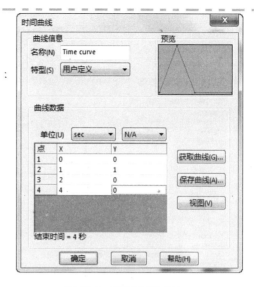

图 12-5　时间曲线（1）

步骤 6　添加第二个力

在相对的半圆柱面上，在相反的方向添加一个大小为 11000N 的力，如图 12-6 所示。

使用下面的点：（0，0），（2，0），（3，1），（4，0）设置力的时间曲线，如图 12-7 所示。

图 12-6　添加力（2）

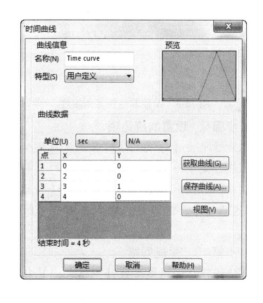

图 12-7　时间曲线（2）

步骤 7　设置非线性算例属性

右键单击算例 Isotropic 并选择【属性】，设置非线性分析的选项。设置【结束时间】为 4，【初始时间增量】为 0.01，【最大】为 0.1。确认勾选了【使用大型位移公式】复选框。使用【Intel Direct Sparse】解算器，如图 12-8 所示。

步骤 8　设置高级选项

单击【高级选项】按钮。【控制】方法选为【力】，【迭代方法】为【NR（牛顿拉夫森）】。单击【确定】，如图 12-9 所示。

151

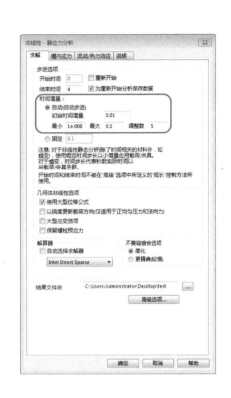

图 12-8 设置非线性算例属性

图 12-9 设置高级选项

步骤 9 设置响应选项

右键单击【结果选项】并选择【定义/编辑】。注意，在靠近曲柄顶部的圆形开口的上部已经设定了一个传感器（图 12-10），将使用该传感器来图解显示这个位置的位移。

在【保存结果】选项组中，选择【对于所有解算步骤】。在【响应图解】选项组中，选择之前定义好的传感器 Workflow Sensitive1，单击【确定】。

步骤 10 生成网格

使用默认的网格参数【整体大小】4.08mm 生成【草稿品质网格】，使用【标准网格】，单击【确定】。

步骤 11 运行算例

分析将顺利完成。

图 12-10 传感器

步骤 12 图解显示合位移

在分析结束时刻（$t=4$）图解显示【URES：合位移】。设置【单位】为 mm，【变形形状】为【真实比例】。最后的时间步长图解（图 12-11）显示了加载、卸载、反向加载，最终反向卸载之后的永久塑性结果。

步骤 13 预先设定顶点的图解响应

右键单击【结果】文件夹并选择【定义时间历史图解】。在【Y 轴】中指定为【位移】，【零部件】设定为【UX：X 位移】，【单位】设定为 mm。如图 12-12 所示为分析过程中【UX：X 位移】的变化。

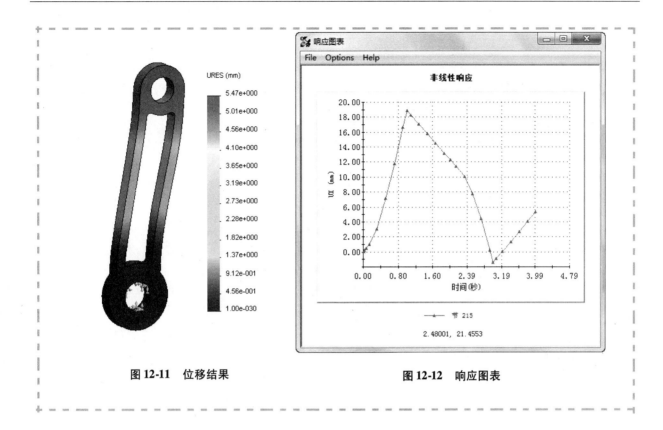

图 12-11 位移结果   图 12-12 响应图表

我们观察到，UX 位移的最大值出现在 $t=1$ 时刻。在 $t=2$ 时刻，当载荷为零时，位移仍然有 12mm。随着在反方向增加载荷，位移会持续减小到 $t=3$ 时刻，即反方向载荷完全加载时。在本例中，UX 位移达到 1.5mm。当反向载荷完全移除时（在 $t=4$ 时刻），UX 位移固定在 5.56mm 处，这是一个永久变形，除非再添加额外的载荷。

12.4 运动硬化

我们将使用运动硬化规律再次运行该算例，这通常会高估包辛格效应。

操作步骤

步骤 1 新建一个新算例

将算例 Isotropic 复制到新的名为 Kinematic 的算例中。

步骤 2 更改材料属性

打开【材料】对话框，将硬化因子更改为 1，表示采用了运动硬化规律，如图 12-13 所示。

步骤 3 运行算例

分析将顺利完成。

步骤 4 预先设定顶点的图解响应

和算例 Isotropic 一样，在所选的【顶点 1】对位移的 UX 分量定义一个响应图解，如图 12-14 所示。

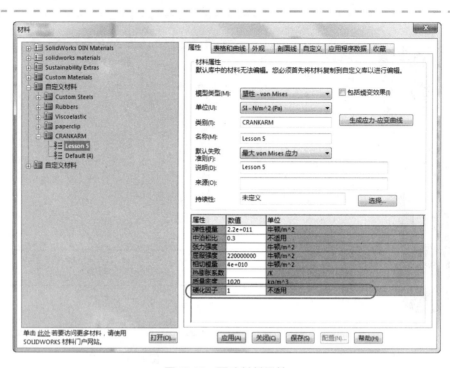

图 12-13　更改材料属性

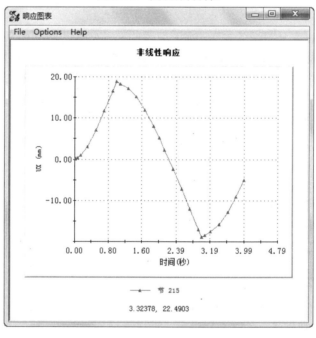

图 12-14　响应图表

12.5　讨论

　　和算例 Isotropic 的响应图表进行对比，发现在 $t=1$ 之前，UX 位移都是相同的。随着初始载荷的降低和随后反向载荷的增加，包辛格效应会造成材料在压缩时更早出现屈服，从而产生软化的反应和更大的位移。例如，在 $t=3$ 时刻，算例 Kinematic 得到的 UX 位移为 -19.1mm；同一时刻，算例 Isotropic 得到的 UX 位移仅为 1.5mm。

还可以观察到 $t=2$ 时刻的差别，即初始载荷完全移除的时候。最后，算例 Kinematic 在 $t=4$ 时刻的永久变形为 -5.1mm，相比较而言，算例 Isotropic 中得到的值为 5.2mm。

12.6　总结

本章使用了 von Mises 弹塑性材料模型。应力-应变曲线采用双线性曲线逼近，相切模量 ETAN 采用弹性模量的 20%。由于应用的周期载荷（只考虑一个周期）导致模型局部在拉伸和压缩方向发生屈服，必须考虑具有包辛格效应的材料硬化。同时比较了两种硬化规律：各向同性硬化和运动硬化。由于各向同性硬化忽略包辛格效应，因此在周期加载过程中产生了材料硬化的反应，而运动硬化通常高估了包辛格效应的影响，从而导致软化反应。真实的材料中，是两个规律的组合，并且通过一个混合的硬化规则 $(0<\text{RK}<1)$ 进行描述。SOLIDWORKS Simulation 使用默认的数值 $\text{RK}=0.85$。

12.7　提问

1. 硬化规律的选择（会/不会）影响使用交变载荷弹塑性非线性分析的结果，如图 12-15 所示。

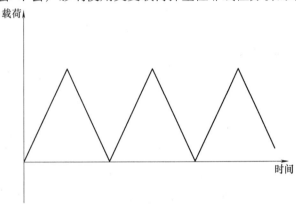

图 12-15　交变载荷

2. 硬化规律的选择（会/不会）影响材料初始屈服强度的数值。
3. _____硬化规律会忽略包辛格效应，而_____硬化规律通常高估了它。
4. 真实金属的性能是通过_____硬化规律进行模拟的。
5. 如果使用了双线性的材料曲线，只需定义如下的材料属性：_____。
6. _____硬化规律会导致更高的塑性屈服（更软的材料反应）。
7. 各向同性硬化规律对应的硬化因子 $\text{RK}=$_____。

第 13 章 弹性体分析

学习目标
- 对橡胶材料制成的模型进行分析
- 使用实验数据分析材料属性
- 对比材料模型和实验数据的结果
- 设置非线性静应力分析算例

13.1 实例分析：橡胶管

本章将对一个橡胶管进行一次非线性静应力分析，如图 13-1 所示。在"附录 C"中提到，橡胶具有非线性弹性的特性。当处理不同类型的材料时，我们将选择不同的材料模型方法。本书前几章也提到，不同模型适用于不同的材料，用户需要判断并选择最合适的一个模型。

1. 项目描述 两端固定的薄壁橡胶管受到 25psi$^\ominus$ 的内部压力，实验数据包括三条曲线。每条曲线对应不同类型的实验，而且这些数据包含在文本文件中。本次分析的目标是确定最大位移，我们将使用不同系列的实验数据和不同数量的 Moonet-Rivlin 常数，在四次迭代中运行。

在开始学习本章之前，让我们来回顾一下输入数据除了 SOLIDWORKS 零件以外，还有三个文件。它们包含从三个不同类型实验中得到的各自实验结果。打开其中的一个文件，该文件包含两列多行的一个表格。第一列代表拉伸比，而第二列代表以 Pa 为单位的应力。SOLIDWORKS Simulation 将使用这些数据，以选择最佳的 Mooney-Rivlin 常数。

2. 关键步骤
1）两常数 Mooney-Rivlin（1 材料曲线）。
2）两常数 Mooney-Rivlin（2 材料曲线）。
3）两常数 Mooney-Rivlin（3 材料曲线）。
4）六常数 Mooney-Rivlin（3 材料曲线）。

图 13-1 橡胶管

13.2 两常数 Mooney-Rivlin（1 材料曲线）

本节将通过超弹性-Mooney Rivlin 模型，使用单向拉伸实验数据来计算材料参数。

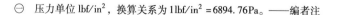

$\ominus$ 压力单位 lbf/in^2，换算关系为 1lbf/in^2 =6894.76Pa。——编者注

操作步骤

步骤1 打开零件

打开 Lesson13\Case Study 文件夹下的文件 Pipe。

步骤2 新建算例

在第一个算例中，将使用单轴实验数据来确定橡胶的材料属性。新建一个【非线性】算例并命名为 Uniaxial Test Data。

步骤3 定义壳体

右键单击 Pipe 实体并选择【按所选面定义壳体】来定义壳体，选择 Pipe 的外表面，设置【抽壳厚度】为 0.75mm，指定为【细】壳体类型，如图 13-2 所示。

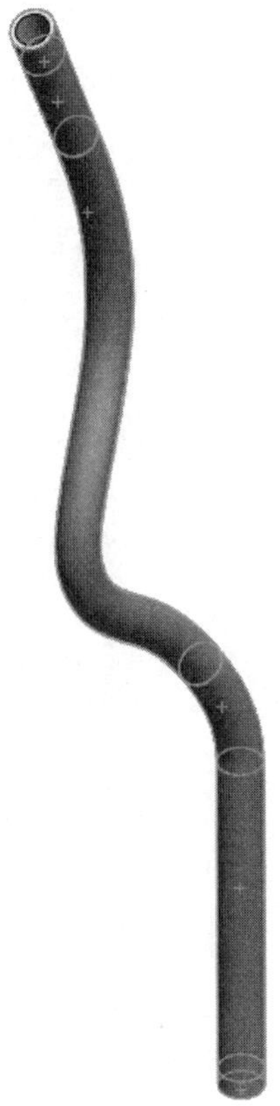

步骤4 应用材料

右键单击【Pipe】文件夹，选择【应用/编辑材料】。定义一个名为 U-niaxial 的自定义材料，【模型类型】选为【超弹性-Mooney Rivlin】材料。确认【常量数】设定为 2，设置【中泊松比】为 0.49，【质量密度】为 $1kg/m^3$，如图 13-3 所示。

勾选【使用曲线数据来计算材料常量】复选框，弹出【表格和曲线】选项卡，如图 13-4 所示。

步骤5 输入实验数据

在【类型】选项组中，选择【简单张力】。确认【单位】设定为【N/m^2】。从名为 uniaxial. xls 的电子表格中复制并粘贴数据，如图 13-4 所示。

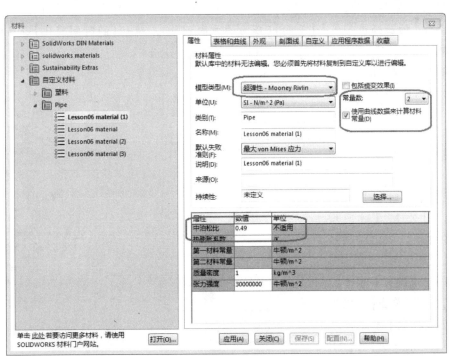

图 13-3　编辑材料

单击【保存】、【应用】、【关闭】，保存材料属性。

图 13-2　定义壳体

157

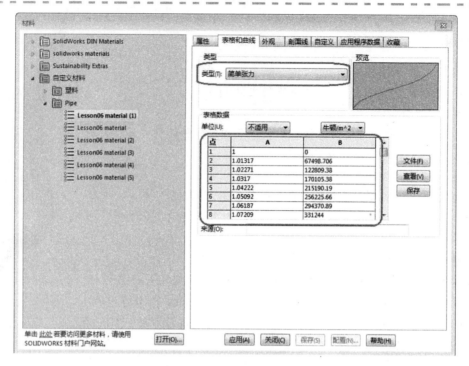

图 13-4　输入实验数据

步骤6　添加夹具

右键单击【夹具】，选择【固定几何体】。选择管子的两个端面（图 13-5），然后设置约束【标准】为【固定几何体】。确认选择的是外表面，因为这是定义壳体的位置。

步骤7　添加压力

右键单击【外部载荷】，选择【压力】。除了端面以外，选择模型的所有外表面。输入 $1.5 \times 10^5 \mathrm{N/m^2}$ 的压强值并单击【反向】（压力的方向朝外）。确认【随时间变化】选为【线性】，如图 13-6 所示。

步骤8　生成网格

使用默认网格大小生成【草稿品质网格】，使用【标准网格】。

步骤9　设置非线性算例属性

设置【开始时间】为 0，【结束时间】为 1，【时间增量】选择【自动】。设置【初始时间增量】为 0.01，【最小】为 1×10^{-8}，【最大】为 0.2，【调整数】为 5。单击【高级选项】，确认【控制】方法设定为【力】，【迭代方法】为【NR（牛顿拉夫森）】。

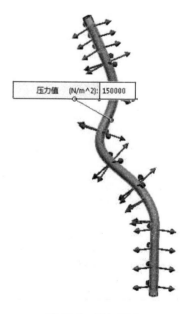

图 13-5　添加夹具　　　　图 13-6　添加压力

步骤10　运行算例

分析一般不会超过1min完成计算。

步骤11　查看结果

对最后一个时间步长图解显示位移量并留意最大位移(2.274mm)，如图13-7所示。

步骤12　检查材料模型

在 Windows 资源管理器中，根据保存结果路径找到文件 Pipe-Uniaxial Test Data. LAG 和 Pipe-Uniaxial Test Data. PLT。两个文件都是 ASCII 文本文件，包含了所有需要的材料模型数据。在记事本或写字板中打开这两个文件并查看它们的内容。*.LAG 文件中包含计算的 Mooney-Rivlin 常数，如图13-8所示。

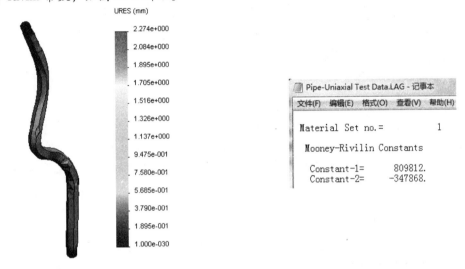

图13-7　位移结果　　　　　　　　　　　图13-8　*. LAG 文件内容

> **提示** 🖐 材料的常数也显示在解算器信息中，右键单击【结果】文件夹并选择【解算器信息】。

*. PLT 文件包含一个表格，对比了使用这个材料模型计算得到的压力值，和在不同拉伸比下实验数据输入到 SOLIDWORKS Simulation 的压力值，如图13-9所示。

Pipe-Uniaxial Test Data.PLT - 记事本
文件(F)　编辑(E)　格式(O)　查看(V)　帮助(H)

107	2 strain	stress-1	stress-2
1.00000000000000	0.000000000000000E+000	0.000000000000000E+000
1.01317298412323	67498.7031250000	36391.2679262307
1.02270603179932	122809.382812500	62575.5635400739
1.03169798851013	170105.375000000	87155.3715721071
1.04222095012665	215190.187500000	115772.884376082
1.05092394351959	256225.656250000	139319.964663355
1.06187200546265	294370.875000000	168784.948032011
1.07209002971649	331244.000000000	196127.383696230
1.08217799663544	365952.937500000	222972.164082478
1.09222996234894	398579.687500000	249573.338928721
1.10361397266388	429224.281250000	279521.834215678
1.11387395858765	460191.906250000	306352.163832170
1.12320005893707	488867.343750000	330608.472445187
1.13524305820465	516581.656250000	361746.600966245
1.14703702926636	543604.937500000	392040.829853963
1.15821897983551	570659.250000000	420581.989820546
1.16907894611359	596349.437500000	448134.400874809
1.17925500869751	620404.437500000	473804.057961300
1.19045603275299	643892.937500000	501895.992533283
1.20140004158020	667478.437500000	529180.146562351

图13-9　*. PLT 文件内容

表格的第一列给出了输入到程序中的拉伸比。第二列给出了对应的压力值（单位为 N/m²），表头为 Theory 的第三列，列出了使用 Mooney-Rivlin 材料常数计算得到的压力值。

> **提示** 第一列的表头表示为 strain，实际上是拉伸比。*.PLT 文件中的压力值以 SI 单位（N/m²）表示，如图 13-10 所示。

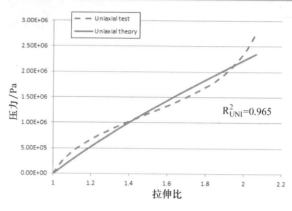

图 13-10　数据对比图

在上面的步骤中，我们只用了单轴实验数据和 Mooney-Rivlin 材料模型的两个常数。查看 *.PLT 文件后可以很清楚地看到实验数据和理论压力值之间的差别还是很大的。因此，有必要使用更多的实验数据和更精细的材料模型来运行这些计算。

判定系数　判定系数 R^2 是一个能给出一个变量的方差（波动）比例的统计变量，该变量可从另一个变量预测。它允许我们确定如何从一个特定的模型/图进行预测。它假设值从 0（完全不适合）到 1（理想适合）。除了仅仅在视觉上检查曲线拟合外，我们可以评估判定系数 R^2，并将其包括在最终报告中。

13.3　两常数 Mooney-Rivlin（2 材料曲线）

我们使用双向拉伸实验数据和 Mooney-Rivlin 材料模型的两个常数，重复上面的分析。

步骤 13　新建新算例
复制之前的算例并生成一个新的算例，命名为 Uniaxial Biaxial Test Data。

步骤 14　修改材料属性
右键单击【Pipe】，选择【应用/编辑材料】。将 Uniaxial 材料复制到一个新的材料中并命名为 Uniaxial Biaxial。现在将从双向拉伸实验中添加实验数据。单击【表格和曲线】选项卡，在【类型】选项组中，选择【双轴性张力】，确认【单位】设定为【N/m²】。从名为 Biaxial.xls 的电子表格中复制并粘贴数据，如图 13-11 所示。单击【保存】、【应用】、【关闭】。

步骤 15　运行算例

步骤 16　图解显示位移
注意，最大位移为 0.58mm，可以和之前算例得到的位移量 2.274mm 进行比较，如图 13-12 所示。

步骤 17　检查材料模型
再一次按照步骤 12 的方法检查当前模型。从 Mooney-Rivlin constants 常数计算的应力和在【材料】对话框中输入的实验数据得到的压力进行对比，如图 13-13 所示。

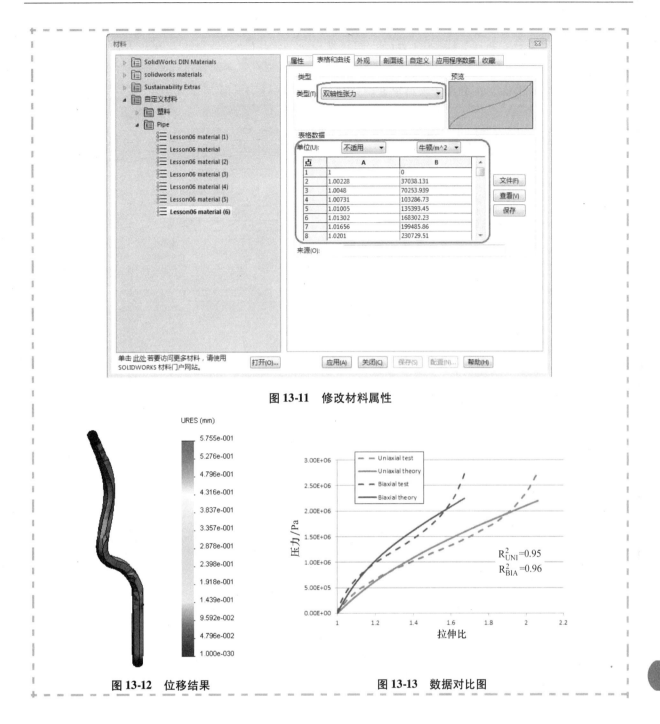

图 13-11　修改材料属性

图 13-12　位移结果　　　　　　　　图 13-13　数据对比图

13.4　两常数 Mooney-Rivlin（3 材料曲线）

下面使用全部实验数据和 Mooney-Rivlin 材料模型的两个常数，重复上面的分析。

步骤 18　新建新算例
复制之前的算例并新建一个新的算例，命名为 Uniaxial Biaxial Planar Data。

步骤 19　修改材料属性
右键单击【Pipe】，选择【应用/编辑材料】。将 Uniaxial Biaxial 材料复制到新材料中并命名为 Uniaxial Biaxial Planar。现在将从平面拉伸实验中添加实验数据。

单击【表格和曲线】选项卡，在【类型】选项组中，选择【平面张力或纯抗剪力】，【单位】设定为【牛顿/m²】。

从名为 planar. xls 的电子表格中复制并粘贴数据，如图 13-14 所示。

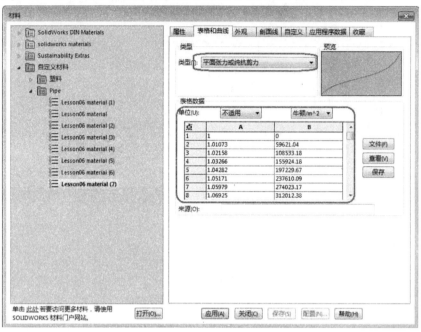

图 13-14　修改材料属性

单击【保存】、【应用】、【关闭】。

步骤 20　运行算例

步骤 21　图解显示位移

注意，最大位移为 0.57mm，可以和之前算例得到的位移量 0.58mm 进行比较，如图 13-15 所示。

步骤 22　检查材料模型

再次按照步骤 12 的方法检查当前模型。从 Mooney-Rivlin constants 常数计算的压力和在【材料】对话框中输入的实验数据得到的压力进行对比，如图 13-16 所示。

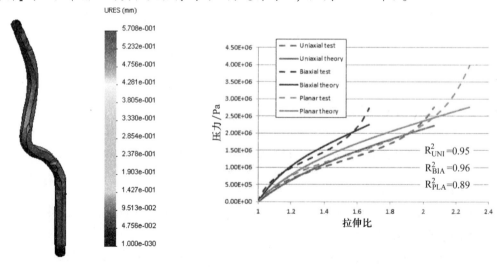

图 13-15　位移结果　　　　　　　　　　图 13-16　数据对比图

13.5　六常数 Mooney-Rivlin（3 材料曲线）

对使用实验数据和 Mooney-Rivlin 材料模型的两个常数得到的压力进行对比后发现，它们之间的差别是很大的。下面使用 Mooney-Rivlin 材料模型的 6 个常数来重复之前的分析。

步骤23　新建新算例
复制之前的算例，编辑材料属性，将材料的常数量从 2 修改到 6，如图 13-17 所示。

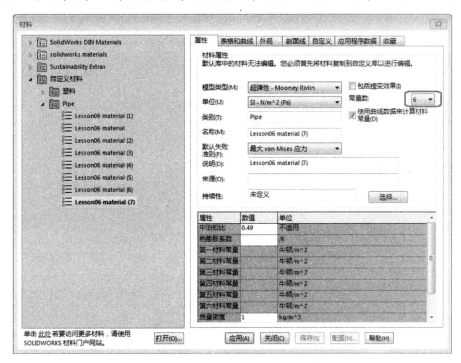

图 13-17　修改材料属性

步骤24　运行算例并比较结果
图解显示位移，确认最大位移达到收敛。可以观察到最大位移上升到 0.61mm。此外，查看对应的 *. PLT 文件，比较使用 Mooney-Rivlin 材料模型的六个常数和实验数据计算得到的应力结果。可以看到，计算得到的压力-拉伸比曲线和实验数据非常接近，如图 13-18 所示。

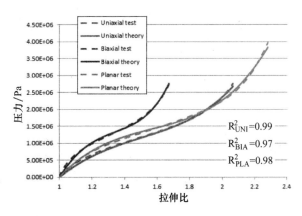

图 13-18　数据对比图

13.6　总结

为了准确地描述超弹性材料的性能，我们生成了多条压力-拉伸比曲线并输入到 SOLIDWORKS Simulation 材料中。一般而言，表格类型通常采用简单张力、双轴性张力、平面张力或纯抗剪力曲线。材料模型中采用更多的常数会得到更精确的曲线匹配结果。注意，也可以从制造商处获得材料常数的数值。

13.7　提问

1. 超弹性材料模型属于（线弹性/线性-非弹性/非线性-弹性/非线性-非弹性）材料。
2. 选择超弹性材料模型，在 SOLIDWORKS Simulation 的【材料】对话框中（必须/可以不）指定弹性模量。
3. 橡胶接近不可压缩材料，因此，它们的泊松比应该非常接近数值_____。
4. 当橡胶管模型作为超弹性材料加载并随后完全卸载时，它（会/不会）恢复至初始形状。

第14章　非线性接触分析

学习目标

- 应用无穿透接触条件
- 理解接触分析中摩擦的重要性
- 分析在接触分析中可能导致不稳定的原因

14.1　实例分析：橡胶管

本章将对一个橡胶管进行一次非线性分析，如图 14-1 所示。分析包含所有三种类型的非线性：几何、材料和接触。当求解这些类型的问题时，将练习使用不同的稳定方法。

项目描述　橡胶管在水平和竖直方向分别受到 1100N 和 250N 的力，管子会滑向金属挡料销，该凸台具有抵抗载荷的作用。分析的目标是当加载全部载荷时，计算出橡胶管本身的位移。

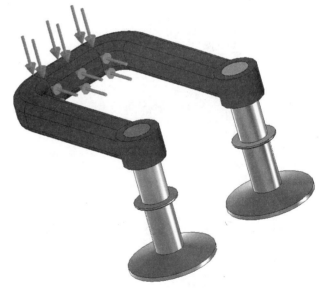

图 14-1　橡胶管模型

操作步骤

步骤 1　打开装配体
从 Lesson14\Case Study 文件夹下打开 Contact 装配体。

步骤 2　更改为对称配置
根据几何体、载荷和约束，我们可以在分析中利用对称来简化模型。在 Configuration-Manager 中激活 Symmetry 配置，如图 14-2 所示。

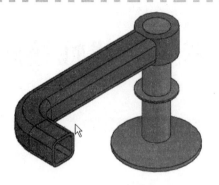

图 14-2　更改为对称配置

步骤3　新建一个算例

新建一个算例并命名为 Sliding Contact，分析【类型】选择为【非线性】。

步骤4　编辑材料属性

使用两常数 Mooney-Rivlin 超弹性模型模拟橡胶管材料。在【材料】对话框中，复制橡胶材料到自定义材料库中。在【属性】选项卡中，选择【超弹性-Mooney Rivlin】作为【模型类型】。设置【单位】为【SIN/mm² （MPa）】。在【名称】中输入 Rubber。输入下列材料常数：中泊松比为 0.499，第一材料常量为 1.2N/mm²，第二材料常量为 0.069N/mm²。单击【保存】，保存橡胶材料常数，如图 14-3 所示。单击【应用】和【关闭】按钮。

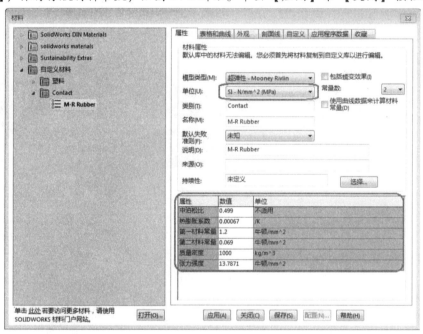

图 14-3　编辑材料属性

步骤5　编辑金属销钉材料

确认铝合金（默认情况下以线弹性材料建模）材料从 SOLIDWORKS 传递过来。

步骤6　对金属销钉添加夹具

对金属销钉底座添加一个固定几何体夹具，如图 14-4 所示。将该夹具重命名为 Immovable pin。

步骤7　添加对称约束

对橡胶管的切割面添加一个【对称】夹具，如图 14-5 所示。将该夹具重命名为 Symmetry。

图 14-4　对金属销钉添加夹具

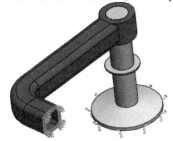

图 14-5　添加对称约束

步骤8　添加水平方向作用力

添加大小为 550N（全部载荷的一半）的【法向】力到如图 14-6 所示的表面。在【随时间变化】选项组中，选择【曲线】，如图 14-7 所示。

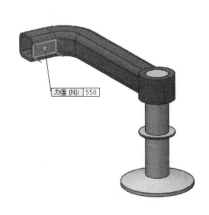

图 14-7　选择线性

图 14-6　添加水平方向作用力

将力重命名为 Horizontal force。

步骤9　添加竖直方向作用力

和之前的定义相同，添加一个大小为 125N（图 14-8）的竖直向下（y 轴的反方向）的作用力。再一次使用【曲线】的【随时间变化】的载荷，如图 14-9 所示。将力重命名为 Vertical force。

步骤10　爆炸视图

爆炸视图，以方便定义接触条件，如图 14-10 所示。

步骤11　设置第一个接触条件

右键单击连接并选择【相触面组】，在【类型】选项组中选择【无穿透】。选择橡胶管内侧圆柱面为【组1】，对应的金属销钉面为【组2】，如图 14-11 所示。在【高级】选项组中，选择接触类型为【曲面到曲面】。勾选【摩擦】复选框，设置【摩擦因数】为 0.1，如图 14-11 所示。单击【确定】。

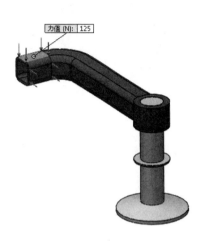

图 14-8　添加竖直方向作用力

图 14-9　选择线性

图 14-10　爆炸视图

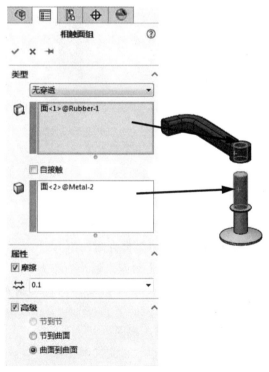

图 14-11　设置第一个接触条件

步骤 12　设置第二个接触条件

在橡胶管底面和金属挡料销表面之间设置第二个【无穿透】接触条件，如图 14-12 所示。再一次指定【摩擦因数】为 0.1。

步骤 13　应用网格控制

在接触区域细化网格。使用局部【单元大小】4.9547mm 和【比率】1.5，对接触橡胶的两个金属面应用网格控制。使用局部【单元大小】3.81mm 和【比率】1.5，对接触金属的两个橡胶面应用网格控制。

步骤 14　设置全局接触

右键单击连接中的【零部件接触】文件夹下的【全局接触】，选择【编辑定义】。在【选项】选项组中，选择【不兼容网格】，如图 14-13 所示。

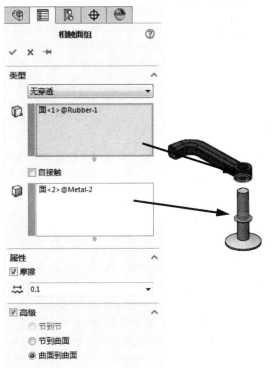

图 14-12　设置第二个接触条件　　　　　　　图 14-13　设置全局接触

步骤 15　生成网格

使用【基于曲率的网格】，使用默认的【最大单元大小】19.819mm 生成【草稿品质网格】，更改【最小单元大小】为 1.5mm，【圆中最小单元数】为 8，【单元大小增长比率】为 1.6。

步骤 16　设置非线性算例的属性

设置【最大】时间增量为 0.1，【调整数】为 10，保存所有其他参数为默认数值。确认勾选了【使用大型位移公式】复选框。

步骤 17　设置高级选项

单击【高级选项】按钮，确认选择了【力】控制方法和【NR（牛顿拉夫森）】迭代方法，单击【确定】保存设置。

步骤 18　取消爆炸视图

步骤 19　运行算例

计算求解的过程非常漫长。而且可能会显示各种【警告】信息，提示非分散缝隙和刚度奇异，导致解算器不断降低时间步长，如图 14-14 所示。这个分析最终会失败。

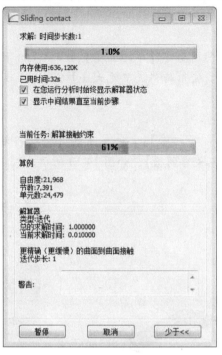

图 14-14 分析进度窗

提示　也许要等很长时间分析才会报错，等一段时间后可以退出求解。

14.2 装配的不稳定性

分析失败的原因是由于在初始阶段反复的刚度奇异，意味着在模型中可能存在不稳定因素。注意，如果没有任何摩擦或摩擦力很小时，橡胶管可能：

1）滑离金属销钉（如果竖直方向作用力直接朝上）。

2）在非常小的竖直方向作用力作用下向下滑（例如，在非常小的初始时间步长下）。

后面的条件表明了计算中的不稳定性。因为没有反作用力抵抗管子的轴向滑移，可能在初始步长就发生不可控的超远滑移。有人可能会有疑义，指出金属挡料销（Contact Set-2）应当阻止这样的行为。然而，橡胶管一开始就可能远离金属挡料销止停位置。结果间隙单元无法阻止过度的初始轴向滑移。

为了稳定分析，必须控制橡胶管的位移。与此同时，我们不想过约束模型而产生不希望出现的结果。通过只控制一个位于橡胶管上的单个点来尝试稳定分析。为了最小化这个人为控制的影响，还应该知道在分析结束时所选顶点的精确位置。

步骤20　对橡胶管上的特定顶点给定竖直位移

添加一个新的夹具，在【高级】选项组中，选择【使用参考几何体】，选择指定的顶点，如图 14-15 所示。我们会控制该位置的竖直位移，因为可以判断其最终的竖直位移大约的数值,也就是说,分析完成时这个顶点会落在金属挡料销上。选择橡胶管的面作为参考。在【垂直于基准面】的方向设定 66.04mm 的平移,如图 14-16 所示。

在【随时间变化】选项组下,选择【曲线】,单击【编辑】按钮并输入如下数据:(0, 0)(0.1, 1),(0.11, 关闭),以及(1, 关闭),如图 14-17 所示。

> ⚠ 注意　　在随时间变化的曲线上关闭设置将禁用规定的约束,将此约束重命名为"Stabilization-vertex 的位移约束"。相应地,两个力将被调整为仅当已经去除稳定约束时才开始作用。

步骤21　编辑水平和垂直力

编辑其他两个力并将其相应的时间曲线更改为以下内容:(0, 0),(0.1, 0),(1, 1)。

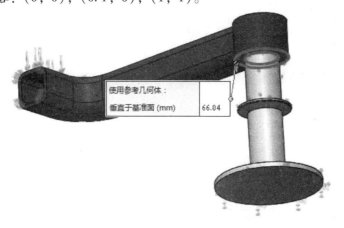

图 14-15　指定顶点

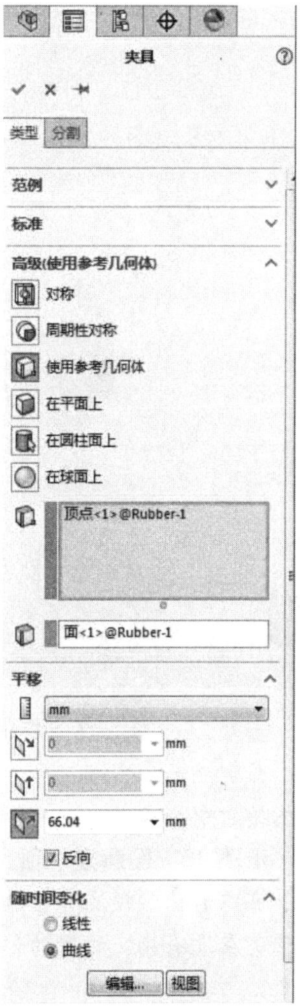

图 14-16　加夹具

步骤22　重新运行算例

此次分析可能会耗费很多时间完成运算,具体时间也取决于计算机配置。因此,我们已经事先完成了计算并准备好了分析结果,并作为本书文件的一部分提供给大家。为了节约时间,将使用已经计算好的结果来进行后处理。

步骤23　停止分析

步骤24　查看位移图解

在【结果】文件夹下,对分析的最后时刻(t = 1)定义一个【URES:合位移】图解。确认【变形形状】中的【变形比例】设定为【真实比例】。可以观察到,在给定力的作用下,橡胶管的最大合位移为 175mm,如图 14-18 所示。

还观察到,坚硬的金属销钉几乎没有出现任何变形。

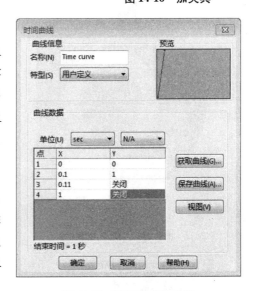

图 14-17　随时间变化曲线

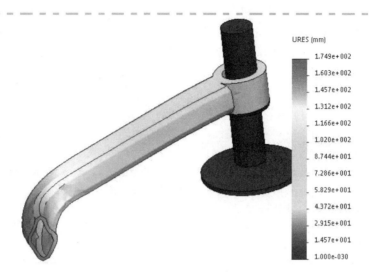

图 14-18　位移结果

>
> 提示　用户还可以使用动画来表示分析过程中的变形过程。然而，需要留意的是，动画并不对应真实的情形（最终 $t=1$ 的时刻除外）。给定小摩擦和对一个单一顶点强加竖直位移，导致从初始到末期的变形是非人为的。

步骤25　分析靠近接触面橡胶变形的细节

图解显示从顶部观察的变形细节，如图 14-19 所示。在水平作用力方向，橡胶管完全从金属销钉中分离开。

步骤26　图解显示顶点附近的变形细节

可以看出，顶点非常靠近金属挡料销，也就是说顶点的竖直位移非常靠近 66.04mm，甚至是在没有指定稳定的位移约束前提下。这也验证了使用稳定技术的有效性，如图 14-20 所示。

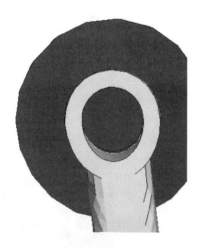

图 14-19　变形细节

图 14-20　变形细节

步骤27　查看 von Mises 应力图解

在分析最后（$t=1$）定义一个 von Mises 应力图解。设置【单位】为 N/m^2。确认【变形形状】选项组中的【变形比例】设定为【真实比例】。橡胶管承受非常小的应力，而金属销钉承受的应力较大，如图 14-21 所示。

172

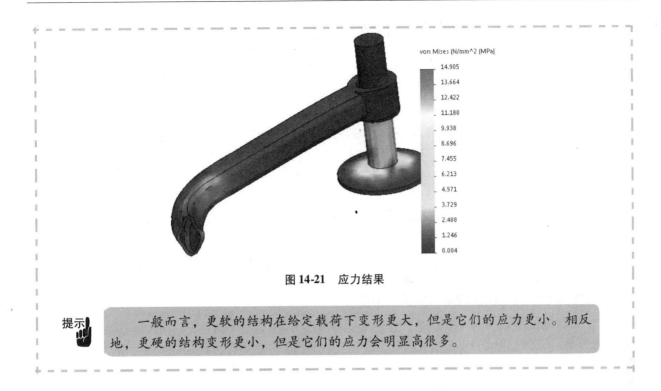

图 14-21　应力结果

提示　　　一般而言，更软的结构在给定载荷下变形更大，但是它们的应力更小。相反地，更硬的结构变形更小，但是它们的应力会明显高很多。

14.3　静应力分析的有效性和局限

完成非线性分析后，必须讨论结果的有效性。我们的目标是通过竖直方向和水平方向的力，将橡胶管一直滑至接触金属挡料销。我们观察到，在给定力的作用下，由于橡胶管的运动没有约束，装配体变得不稳定。换句话说，模型不能说明用于描述动态运动的惯性力。这违背了静应力分析的基本假设（所有变形都是缓慢发生的，使得可以忽略惯性影响），因此在这种情况下需要使用非线性动力学分析。

此外，静应力分析的局限也迫使我们通过指定顶点位移的方式来稳定模型。这强加了一个额外的约束到结果中。在所有这些情况下，必须验证结果的有效性。

因此，非线性的静应力分析只在 $t = 1$ 时有效，这对应着橡胶管停留在挡料销和动态效应（包含所有振动）从系统中逐渐减弱的时刻。

14.4　总结

本章练习使用了【无穿透】接触，当使用这种接触条件时，装配体的部分零件可能变得不受约束，这可能会导致在初始阶段非线性静应力分析失败。

引入摩擦可以模拟更加真实的行为，而且在计算中增加了额外的稳定性。如果施加的力和摩擦力之间不能达到平衡，并且实际模型发生快速移动，静应力分析可能不再稳定，这时需要采用其他稳定措施。然而，这样的稳定技术不应该过约束模型，因为这可能会得到不真实的结果。

14.5　提问

1. 在本章中，我们使用了_____控制方法。
2. 稳定位移的条件是在载荷（夹具）文件夹下定义为一个载荷。当然，要得到相同的最终结果，（可以/不可以）使用位移控制方法，在同一位置控制相同的竖直位移。

3.（可以/不可以）使用【无穿透】接触条件中的【节到节】类型来简化计算。

4. 在本实例中，只有静应力分析结果的末期($t=1$)是有效的，请给出一种更加有效的方法来获得结果。

练习 14-1　减速器

在本练习中，将对包含初始接触条件的减速器运行一个非线性仿真，如图 14-22 所示。本练习将应用以下技术：

- 非线性分析-力控制。
- 非线性接触分析。

1. 项目描述　图 14-23 所示的减速器在接触位置存在初始干涉，因此在齿轮开始转动之前链条就存在预应力，图 14-23 给出了初始的应力场分布。所有零部件都由合金钢制成。

2. 加载条件　为了模拟链条端部从一个凹槽移动到另一个凹槽所受的应力，预定义齿轮产生沿顺时针方向转动 0.3rad 的位移。

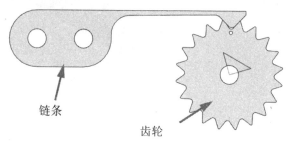

链条

齿轮

图 14-22　减速器

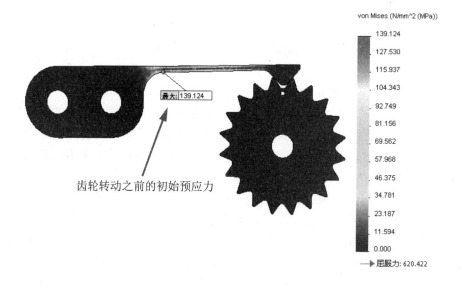

齿轮转动之前的初始预应力

图 14-23　应力分布

3. 目标　运行必要的非线性仿真，计算齿轮转动 0.3rad 时两个零部件的应力。用于练习的装配体文件 Gear Assy 位于 Lesson14\Exercises 文件夹中。

练习 14-2　橡胶密封圈

在本练习中，将运行一个非线性仿真，模拟橡胶密封圈在轴的凹槽中塞入和撑大的过程，如图 14-24 所示。

在本练习中，将应用以下技术：

- 非线性分析-力控制。
- 非线性接触分析。

1. 项目描述　在初始未变形的配置上创建橡胶密封圈和 Inner shaft 装配体模型，橡胶密封圈穿透了轴体，因为橡胶密封圈没有拉伸时的直径和轴体凹槽内径几乎是一样的，如图 14-25 所示。

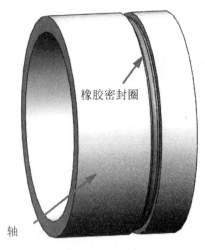

图 14-24　力学模型

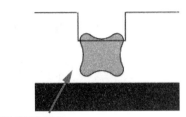

初始配置,橡胶密封圈
和轴体凹槽相互穿透

图 14-25　初始配置

2. 材料　对橡胶密封圈应用材料【橡胶】,对轴体应用材料【合金钢】。

> 提示　用户可能需要自定义材料属性以求解此问题。

3. 加载条件　此问题的加载最初以穿透的方式和接触部分的边界来表示。当求解完毕时,橡胶密封圈应该完全填充在轴体的凹槽中,如图 14-26 所示。

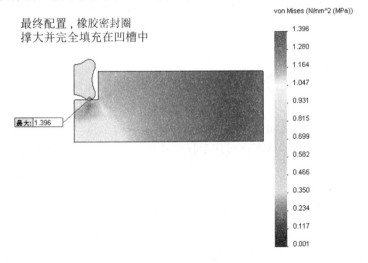

最终配置,橡胶密封圈
撑大并完全填充在凹槽中

最大:1.396

图 14-26　最终配置

4. 目标　当橡胶密封圈撑大并挤入轴体的凹槽中时,运行必要的非线性仿真来计算橡胶密封圈的应力。本练习的装配体文件 Assemblyl 位于 Lesson14\Exercises 文件夹中。

第15章 金属成形

学习目标

- 运行弹塑性、几何非线性大型位移和大型应变静应力分析
- 使用2D简化模型的大小
- 定义合适的材料模型，对非线性静应力分析应用载荷、夹具和网格
- 对平面应变单元定义正确的接触条件
- 分析并纠正非线性运算中出现的错误，稳定分析并成功收敛
- 后处理结果
- 分析并质疑结果的有效性

15.1 折弯

在金属成形领域，折弯是常用的加工工艺。在电子设备小型化时代，对普通成形过程的理解必须通过尺寸效应来重新估算，也就是说，材料在小尺寸时表现有所不同。某大学机械工程系正在做实验来研究折弯过程中这些影响。一般而言，在设计这样的实验时，选择合适的传感器和模型几何体时采用哪种分析方法是非常重要的。本章将针对这个目的建模实验装置。

15.2 实例分析：薄板折弯

本章中将对包含所有类型的非线性模型运行分析。

1. 项目描述　有一个黄铜薄板，尺寸为 $39\text{mm} \times 15\text{mm} \times 1.5\text{mm}$，在冲压机构的作用下发生折弯。冲压机构使用了一个直径为 9mm 的刚硬冲头，以及一个刚硬的固定模具进行建模，模具的凹槽宽度为 15mm，深度为 18mm。分析将研究钣金在加载和卸载阶段的位移、应力和塑性变形。此外，我们还会研究需要多大的力来移动冲头和弯曲薄板，以便正确地设计实验装置和传感器，如图 15-1 所示。

为了简化模型，假定通过薄板宽度方向的张力可以被忽略。这样就可以使用平面应变单元，将三维分析简化为二维，如图 15-2 所示。

我们假定在室内常温和即时变形（忽略像应力松弛这样的时间相关效应）的前提下求解此问题。

2. 关键步骤

（1）使用2D简化　在这个分析中，将指定平面应变单元。

（2）载荷和边界条件　使用对称来简化模型，同时还将应用冲头位移。

（3）求解模型　将克服方法中的数值困难来求解问题。

（4）后处理结果　将研究结果的有效性。

图 15-1 冲压薄板

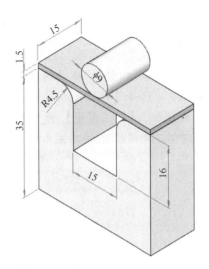

图 15-2 简化模型

操作步骤

步骤 1 打开文件

从 Lesson 15\Case Study 文件夹中打开 experimental _ setup _ & 文件。

步骤 2 激活配置

在 ConfigurationManager 中，可以看到有多个配置存在。激活对称配置，该配置半剖模型并使用对称的约束。此外，我们还将使用二维和平面应变单元来简化模型。

步骤 3 新建非线性算例

在 SOLIDWORKS Simulation 特征管理器中，新建一个【非线性】算例并命名为 bending。在【选项】中选择【静应力分析】并勾选【使用 2D 简化】复选框。

步骤 4 设置平面应变

在【非线性 2（2D 简化）】属性框中选择【平面应变】作为【算例类型】。在【剖切面】中选择 Front Plane；在【剖面深度】中输入 15mm；单击【确定】，如图 15-3 所示。

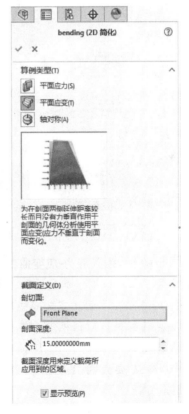

图 15-3 设置平面应变

15.3 平面应变

当大多数变形都发生在单一平面时，可以使用平面应变单元。通过模型宽度（垂直于平面）的应变可以假设为零。一般而言，如果模型的宽度比其他两个尺寸大很多时，可以使用平面应变单元。

步骤5　为零件 sheet 应用材料

我们将指定带混合硬化规律的 von Mises 塑性模型。右键单击【零件】中的 sheet-1 并选择【应用/编辑材料】。在【材料】对话框中，生成一个名为 Brass SS 的新材料。在【属性】选项卡中，选择【塑性-von Mises】作为【模型类型】。设定【单位】为 SI，设置【泊松比】为 0.28，【硬化因子】为 0.85。表格中不会指定【弹性模量】和【屈服强度】，因为已经提供了完整的应力-应变曲线，如图 15-4 所示。

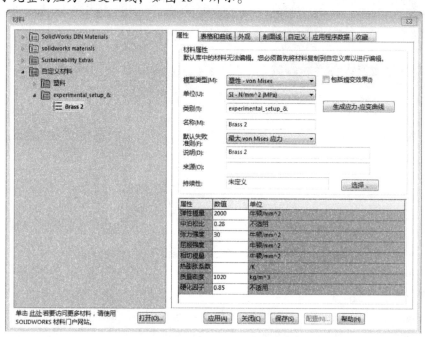

图 15-4　为零件 sheet 应用材料

提示　硬化因子为 0.85，表明使用了混合硬化规律，其中总体等效塑性应变由运动硬化（85%）和各向同性硬化（15%）分量组成。该参数的数值在卸载阶段可能会很重要。然而，只有在模型受到反复加载时，这个参数才会显得重要。

步骤6　输入应力-应变曲线

为了正确地描绘加载过程，需要进行一系列单向拉伸试验。最终的单向应力-应变曲线如图 15-5 所示。用于定义曲线的数据资料存放在 Lesson15 路径下。

在【材料】对话框中，单击【表格和曲线】选项卡，选择【类型】选项组中的【应力-应变曲线】，确认应力的【单位】设定为【牛顿/mm²】（MPa）。

表格中的第一个点必须是初始屈服点，打开 Lesson15\Case Study 文件夹下的 Brass-uniaxial stress-strain curve.xls 文件并复制其中的数据。最终的曲线会显示在【预览】窗口中，如图 15-6 所示。

单击【保存】和【应用】，保存材料的定义。

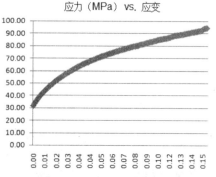

图 15-5　应力-应变曲线

提示　用户也可以关联温度相关的属性到其他材料常数中。

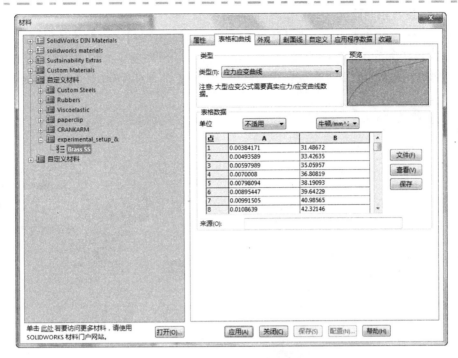

图 15-6　输入应力-应变曲线

步骤 7　对零件 punch 和 die 应用材料

对 punch 和 die 两个零件指定【合金钢】材料，确认使用了【线性弹性】材料模型。

步骤 8　设置全局接触

右键单击【连结】中的【全局接触】选择【编辑定义】，设定【接触类型】为【允许穿透】，单击【确定】。这个模型的相触面组将通过手动定义，并指定为不兼容网格。

步骤 9　设置相触面组（1）

在 Simulation 分析树中右键单击【连结】并选择【相触面组】，指定【接触】类型为【无穿透】，选择 punch 的底边为【组 1】，选择 sheet 的顶边为【组 2】，如图 15-7 所示。在【高级】选项组中，选择【曲面到曲面】，如图 15-8 所示。单击【确定】。

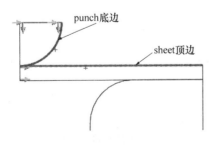

图 15-7　选择边线

图 15-8　设置相触面组（1）

179

步骤10　设置相触面组（2）

在 Simulation 分析树中右键单击【连结】并选择【相触面组】。指定【接触】类型为【无穿透】，如图 15-9 所示。选择 die 的三条可能与 sheet 接触的边为【组1】，选择 sheet 的底边为【组2】，如图 15-10 所示。在【高级】选项组中，选择【曲面到曲面】，单击【确定】。

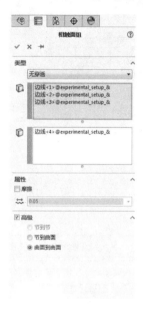

图 15-9　设置相触面组（2）

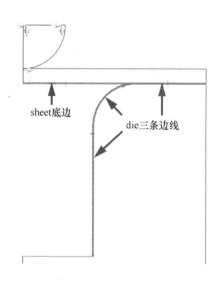

图 15-10　选择三条底边

步骤11　对 die 添加固定约束

对 die 的底边添加【固定几何体】。这个边界条件是模拟接地的模具，如图 15-11 所示。重命名边界条件为 Grounded Die。

步骤12　添加对称夹具

右键单击【夹具】，选择【高级夹具】，选择【对称】。选择将 sheet 和 punch 对半分的对称平面的边线，如图 15-12 所示。单击【确定】，保存边界条件，重命名为 Symmetry。

 提示　因为使用了平面应变单元，对称平面和约束会自动识别出来。

步骤13　指定 punch 的位移

右键单击【夹具】，选择【高级夹具】，选择【使用参考几何体】。选择 punch 的顶边（图 15-13），将对此边线指定位移边界条件。由于平面应变的使用，基准方向已经定义完成。选择【平移】中的【沿基准面方向1】分量，并指定 0mm 的位移。选择【平移】中的【沿基准面方向2】分量，并指定 13mm 的位移。如有必要，请勾选【反向】复选框，如图 15-14 所示。

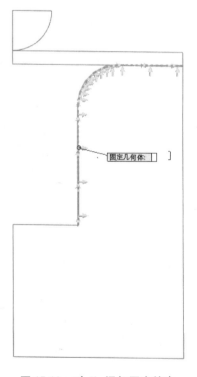

图 15-11　对 die 添加固定约束

提示　【平移】选项组中不能修改【垂直于基准面】选项，是因为采用了平面应变单元，假定在垂直方向没有产生应变（变形）。

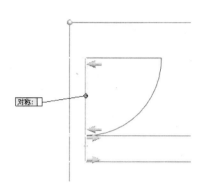

图 15-12　添加对称夹具

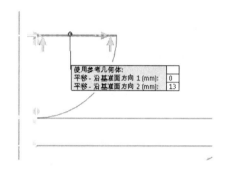

图 15-13　选择顶边

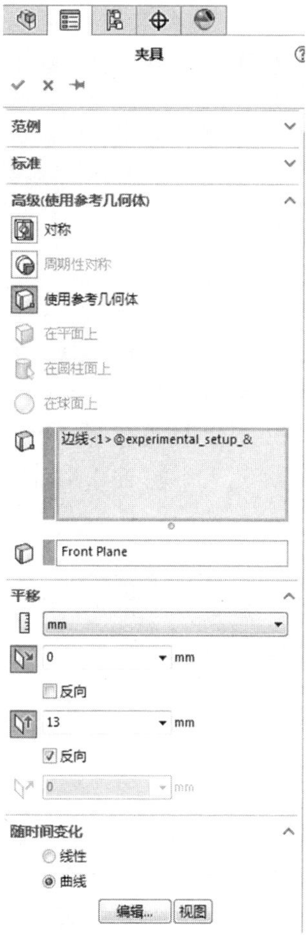

图 15-14　编辑夹具

步骤 14　输入时间曲线

在【随时间变化】选项组中，选择【曲线】并单击【编辑】按钮。输入下面的点来定义 punch 竖直方向的位移：(0，0)，(0.5，1)，(1，0)。单击【确定】以保存设置，如图 15-15 所示。单击【确定】保存夹具的定义，重命名为 punch displacement。

步骤 15　添加恒定力

在 punch 和 sheet 没有接触的情况下，sheet 保持自然状态。因此，用户可以添加一个小的竖直方向的力，以帮助维护 sheet 和 die 之间的接触。这个恒定力的大小必须足够小，不至于引起最终结果的不准确。添加一个 1N，竖直向下的力到 sheet 的顶边。确认这个力在计算中自始至终都起作用，使用下面的点定义时间曲线 (0，1)，(1，1)，如图 15-16 所示。

步骤 16　应用网格控制 (1)

采用【单元大小】为 0.6mm 和【比率】1.5，对 sheet 表面应用网格控制，如图 15-17 所示。

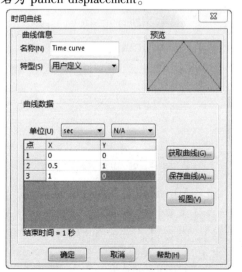

图 15-15　输入时间曲线

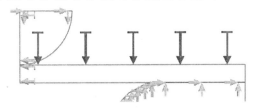

图 15-16　添加恒定力

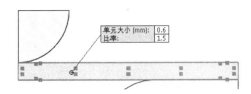

图 15-17　应用网格控制（1）

步骤 17　应用网格控制（2）

采用【单元大小】为 0.1mm 和【比率】1.1，给对称平面的 sheet 表面应用网格控制，如图 15-18 所示。

步骤 18　应用网格控制（3）

采用【单元大小】为 0.4mm 和【比率】1.25，对 punch 的边线应用网格控制，如图 15-19 所示。

步骤 19　生成网格

采用默认设置对模型划分网格，使用【基于曲率的网格】，如图 15-20 所示。

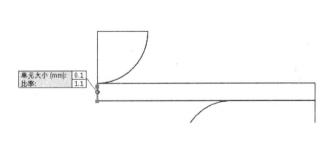

图 15-18　应用网格控制（2）

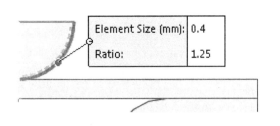

图 15-19　应用网格控制（3）

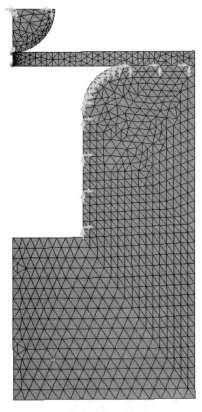

图 15-20　生成网格

步骤 20　设置算例属性

在【求解】选项卡中，【步进选项】的【结束时间】为 1。在【时间增量】中，选择【自动】，保留【初始时间增量】为 0.01，【最大】为 0.1。设置【调整数】为 20。勾选【使用大型位移公式】和【大型应变选项】复选框。【解算器】选择【Direct Sparse 解算器】，如图 15-21 所示。

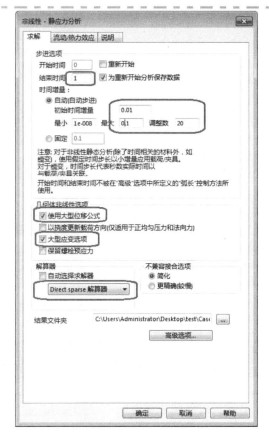

图 15-21 设置算例属性

15.4 大型应变选项

需要注意的是，当选择【大型应变选项】时，解算器假定描述材料性能的应力-应变曲线是按照真实（柯西）应力和真实（对数的或自然的）应变。在本章中，就属于这样的情况。在一定的约束下，使用附录 A 中的公式，工程数值通常可以转换为真实数值。

步骤21 设置高级选项
在【非线性-静应力分析】对话框中单击【高级选项】按钮。确认【方法】中的【控制】选为【力】，【迭代方法】选为【NR（牛顿拉夫森）】。单击【确定】。

步骤22 运行算例
单击【运行此算例】开始运行本算例。

一段时间之后，求解失败并显示下列信息："步长>1 中求解失败，可能是由于：求解可能处于屈服或限制点，即位移在恒定力作用下增长。如果是这样，对于力控制或接触问题，此可能是求解的终点（查阅响应图表）。解算器计算困难：

1. 减小奇异消除因子（0.5 或 0）；
2. 对于塑性模型，提高：ETAN > Ex/100。"

单击【确定】两次，回到模型中。

> 技巧 很多时候，查看直至失败的时间步长完成的结果，可以了解求解失败的原因。

183

步骤 23　应力图解

图解显示完成的最后一个时间步长的 von Mises 应力，如图 15-22 所示。

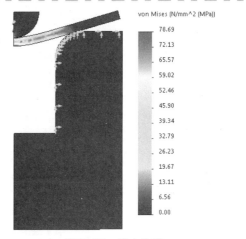

图 15-22　应力结果

15.5　收敛问题

此时此刻，导致收敛失败的原因可能有多种。由于接触条件的变化，刚度矩阵的奇异性可能发生。为了克服这个问题，可以尝试在算例【属性】中降低【高级选项】选项卡中的【奇异性消除因子】数值。如果降低了这个值，仍会在收敛中看到这个问题。

产生失败的另一个原因可能是材料属性的非线性响应。如果第一个步长的 punch 位移使材料立即屈服，则可能由于相切模量的改变而导致收敛失败。为了研究这个问题，可以使用线性材料属性，并在 punch 加载时评估第一个步长的应力。

15.6　自动步进问题

在上述问题的背景下，可能会需要加载更精确的历史描述。大的步长可能导致少量误差，并在求解过程中产生累积效应。当在求解过程中达到了这些未来步长时，则无法成功收敛，因为它们的计算基于之前的步长，这之前的步长并没有采用高标准的精度来描述变形过程。要纠正这个问题，必须减小自动步进选项，这样才可以在每个加载步长中完整地描述变形过程，最终得到正确的结果。

步骤 24　设置算例属性

在【求解】选项卡的【步进选项】选项组中，确认【结束时间】为 1。在【时间增量】中，选择【自动】，设置【初始时间增量】为 0.0005，保留【最小】为 1×10^{-8}，设置【最大】为 0.0005，设置【调整数】为 20。

步骤 25　设置高级选项

单击【高级选项】，设置【奇异性消除因子】为 0，设置【最大增量应变】为 0.1，单击【确定】。

> 提示　当【最大增量应变】设置为如此高的时候，解算器会启用内部规则。

步骤 26　结果选项

我们将【最大】时间增量设置得很小，意味着在求解过程中会保存大量时间步长。在 Simulation 分析树中右键单击【结果选项】并选择【定义/编辑】，选择【对于所指定的解算步骤】，在【结束】中输入 10000，【增量】设置 30。这意味着每隔 30 个时间步长会保存一次。

步骤27 运行算例

单击【运行此算例】开始运行该算例。

步骤28 图解显示应力结果

在求解结束时显示 von Mises 应力图解，如图 15-23 所示。

步骤29 设置应力图解

编辑应力图解的定义，设置【图解步长】到【0.5s】。从图解中可以看到，薄板在 sheet 外侧边线高拉伸（压缩）应力的作用下发生弯曲，而在中间部位的应力较小。注意，超过屈服的应力意味着永久变形，如图 15-24 所示。

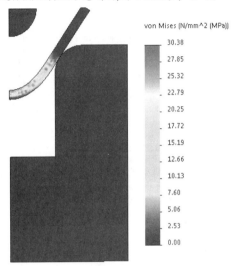

图 15-23 应力图解（1）

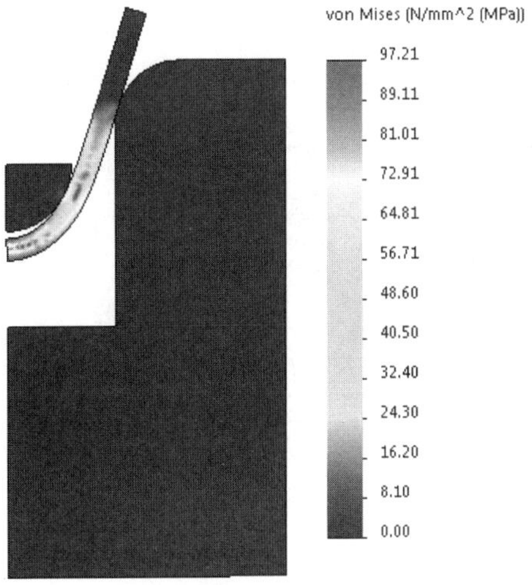

图 15-24 应力图解（2）

步骤30 设置新的应力图解

设置一个新的【SX：X 法向应力】应力图解。设置【图解步长】为【0.5s】，如图 15-25 所示。

和预期的一样，在 sheet 顶面高度压缩，而在 sheet 底面高度拉伸。

步骤31 探测 SX 应力图解

在【探测结果】属性框中，【选项】选择【在所选实体上】。选择模型的对称边线，如图 15-26 所示。单击【更新】，如图 15-27 所示。

在【报告选项】选项组中单击【图解】按钮。这是沿零件厚度的弯曲应力分布图解，该应力图解出现在 punch 完全位于底部的时候，如图 15-28 所示。

步骤32 探测

在之前的步骤中，我们图解显示了 punch 位于底部时的弯曲应力。下面来看一下残留的弯曲应力（也就是 punch 被移走后的应力）。更改当前的 SX 应力【图解步长】到最后一步（1s）。从最后一个步长重复这一过程，如图 15-29 所示。

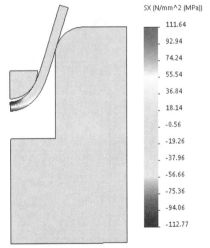

图 15-25 应力图解（3）

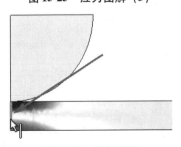

图 15-26 选择边线

185

图 15-27　更新结果

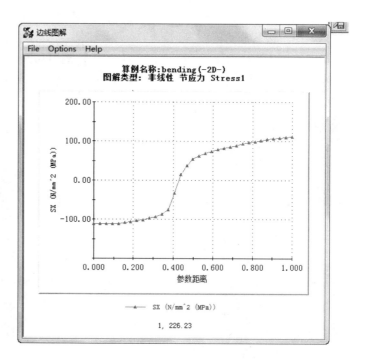

图 15-28　应力图解（1）

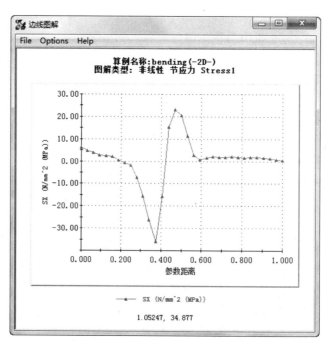

图 15-29　应力图解（2）

15.7 讨论

这是我们想要看到的弯曲应力图解吗？当 punch 在底部时，为什么图解会变成这样？

该过程一般称为"三点弯曲"，这意味着薄板在三个接触点发生弯曲：sheet 两侧各有一个和 die 接触的位置，还有一个位于中间，即 sheet 与 punch 接触的位置。

如果使用动画查看结果，可以看到"三点弯曲"并非真正的三个点。在变形过程的一个特定时刻，与 punch 接触的中点会从中间移向侧面。这是由几何配置决定的。实际上，是"四点"弯曲成形（有四个接触点而不是三个），如图 15-30 所示。

punch 和 sheet 之间的接触力不断地作用在曲面法向上，当接触发生在中间时，力直接向下作用，意味着呈现纯粹的弯曲变形。当接触位置上升时，接触力不断地作用在曲面法向，使得 sheet 处于更复杂的应力状态；弯曲外加一定的拉伸和剪切力。

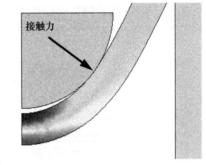

图 15-30 接触位置

这也是为什么在成形过程结束时，残留的"弯曲"应力看上去比较奇怪。可以在弯曲过程的最后通过观察厚度方向的应变分布图解来进行深入调查。

步骤33 创建应变图解

创建【EPSX：X 法向应变】应变图解。在【高级选项】的【应变类型】中选择【总数】，如图 15-31 所示。再一次确认是在最后时间步长（1s）生成图解，如图 15-32 所示。

这次得到了非常正常的应变分布，这符合我们对弯曲成形的预期。此外，可以看到应变的数值非常大，说明使用【大型应变选项】是正确的。

图 15-31 设置应变图解

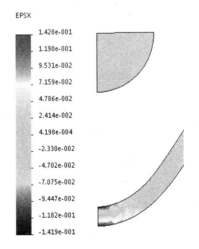

图 15-32 应变结果（1）

187

15.8 小型应变与大型应变公式的比较

建议用户在关闭【大型应变选项】的情况下重新运行该分析（假定应力/应变材料图表包含工程数据）。在这样的大型应变模型中，通常应该选用该选项。

通过分析可以看到，在应变大于4%时，真实应变和工程应变之间可能会出现非常大的差别。总的等效应变4%被认为是一个临界值，超过该数值时，大型应变选项可能对结果带来显著差异。

步骤34 塑性应变

编辑之前图解的定义，在【应变类型】中选择【塑料】，图解几乎相同，这说明弹性应变很小，如图15-33所示。

步骤35 弹性应变

重复步骤34，在【应变类型】中选择【弹性】，可以看到，沿着sheet厚度方向出现了同样奇怪的分布。这意味着在分析最后，模型中仍然存在弹性应力，如图15-34所示。

步骤36 图解显示 Punch 上的最大反作用力

右键单击【结果】文件夹并选择【列举合力】。设置【单位】为SI，选择在 punch 上预定义位移处的表面。在【时间步长】中选择所需的时间增量并单击【更新】按钮，显示反作用力的分量，如图15-35所示。

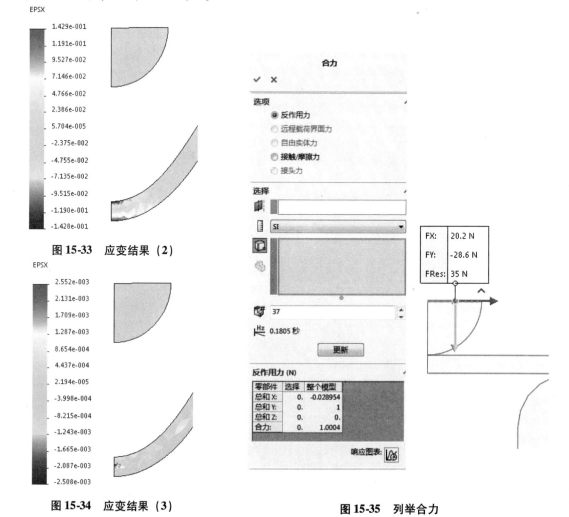

图 15-33 应变结果（2）

图 15-34 应变结果（3）

图 15-35 列举合力

单击【响应图表】按钮，生成 punch 上最大的反作用力的时间图解，如图 15-36 所示。

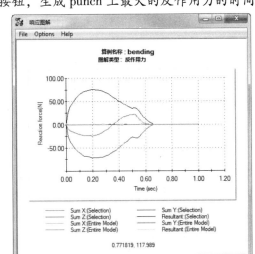

图 15-36 时间图解

> **提示** 因为没有在接触界面定义摩擦系数，所以在所有步长的摩擦力都等于零。

15.9 总结

在本章中，我们求解了一个冲压模装置的黄铜薄板折弯的大型位移和大型应变分析。钣金的材料采用非线性弹塑性 von Mises 塑性模型。由于预计应变值比较大（＞4%），按照真实（柯西）应力和真实（对数的或自然的）应变的关系，输入单向应力-应变材料曲线定义弹性模量。

本章的目标是找到 punch 上的最大反作用力，这样就可以选择一个合适的传感器。y 方向的反作用力数值和各个时间步长之间可以绘制一个图表（如 MS Excel），以方便选择合适的传感器用于实验。因为使用了对称条件，因此实验中的实际作用力是现在数字的两倍（×2）。图 15-37 所示为 y 方向的力-位移曲线。

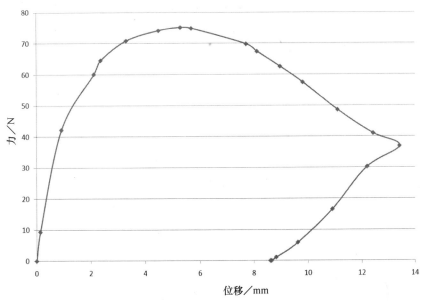

图 15-37 力-位移曲线

在实验中可以看到，最大值接近 150N，发生的位移大约为 5.3mm。一般假定最大接触力发生在最大变形处，而得到的结果明显和这个假定有出入。

还注意到在计算结尾出现奇怪的弯曲应力分布，可以推断这个应力分布是来自模型的残留弹性应变。

在模型中使用了平面应变单元。为了测试该假设的有效性，最好采用实体单元运行该模型，以确认在厚度方向没有应变。我们已经提前验证了这个假设是正确的。

15.10 提问

如果使用了大型应变塑性模型并加载了材料曲线，材料曲线应该是_____应力 vs. _____应变；然而，如果使用了小型应变塑性模型，材料曲线应该是_____应力 vs. _____应变。

练习 大型应变接触仿真：折边

在本练习中，将模拟黄铜薄板的折边，如图 15-38 所示。
本练习将应用以下技术：
- 弹塑性模型。
- 平面应变。
- 大型应变选项。

1. 项目描述 本章模拟了三点弯曲实验，该实验通常和折边实验进行对比，即薄板一端固定在模具上，冲头从另外一侧的自由端冲击弯曲成形。

2. 材料 薄板由黄铜制成，使用带有完整应力-应变曲线的 von Mises 塑性模型。应力应变数据存放在 Lesson15\Exercise 文件夹下的 Brass data. xls 中。

3. 加载条件 冲头的位移是受控的并呈线性变化，在最低点的最大位移为 13mm，然后冲头会缩回到初始位置。

图 15-38 黄铜薄板的折边

4. 目标 运行非线性仿真，研究冲击完成后薄板的回弹和永久变形。
本练习的装配体文件 Flanging setup 位于 Lesson08\Exercises 文件夹下。
请回答下列问题：
- 比较折边过程结束时各种应变分量（总数、弹性和塑料）的变化和第 15 章中模拟的三点弯曲实验的结果。如何比较？
- 冲头作用在薄板上的最大作用力是多少？

第 16 章 复合材料仿真

学习目标

- 理解复合材料在工程中的重要性
- 能够分析多向复合材料层压板模型
- 理解复合材料强度评估过程中的后处理选项

16.1 复合材料

复合材料是由两种或两种以上不同材料组合而成的，使得复合材料整体比每个独立的个体材料具有更理想的属性。近年来，由于纤维材料和制造方法的发展，复合材料已经变得越来越流行。

复合材料一般可以应用在航空航天、汽车、生物医学和体育用品等行业中。此外，复合材料也出现在自然界当中，例如木材。

因为复合材料具备更强、更轻、更便宜的材料性能，有一种精确的方法来预测它们的响应是很有必要的。与任何其他结构或流体分析一样，存在着复杂的、用以模拟复合材料近似响应的解析表达式。像其他例子一样，有限元分析可以作为另一种方法来预测复合材料的响应。

16.2 复合材料铺层

复合材料铺层是由一层硬的单向纤维或织物填充在柔软的基质材料中形成的一层薄的材料。铺层是在三个主轴方向的正交各向异性材料（即材料属性取决于方向）：在纤维取向的方向（X），垂直于纤维的方向（Y），垂直于铺层表面的方向（Z），如图 16-1 所示。

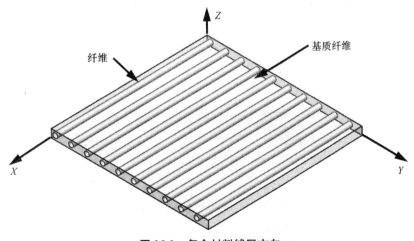

图 16-1 复合材料铺层方向

正如所料，由于铺层的材料特性在不同的方向上可以有很大的区别，为了得到准确的分析结果，必须进行正确的处理。这些方法将在本章后续内容中讨论。

16.3 复合材料层压板

复合材料层压板是由多层（两个或两个以上）复合材料铺层在不同的方向上堆叠而成的、薄的材料结构。对于一个给定的应用，为了实现最优的材料特性，复合材料铺层的堆叠顺序（称为夹板铺叠）取决于所期望的复合材料层压板的响应。

复合材料层压板具有给定的全局坐标系，其中 Z 方向总是垂直于复合材料层压板的表面，如图 16-2 所示。每个复合材料铺层按照一个给定的方向堆叠起来，该方向是用与 X 轴之间的夹角确定的。在图 16-2 中，最上层的复合材料铺层在层压板中并按照 45°角方向堆叠，因为纤维方向（铺层 X）相对全局 X 轴为 45°。底部的复合材料铺层按照 0°方向堆叠，因为纤维方向与全局 X 方向保持一致。

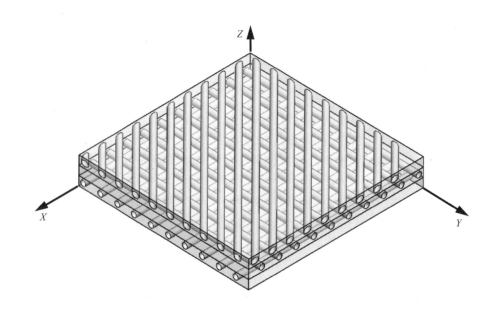

图 16-2 复合材料层压板

16.4 SOLIDWORKS 仿真进阶：复合材料

SOLIDWORKS Simulation 使用壳单元能够分析超过 50 个铺层的复合材料层压板模型。复合材料壳模型可用于静态分析、频率分析、线性屈曲、压力容器和设计研究。软件假设复合材料铺层之间完美结合，并且只有很小的剪切效应。

SOLIDWORKS Simulation 中最常用的复合材料铺层包括以下内容：

1. 对称的层压板 在对称的层压板中，复合材料铺层是关于中面对称堆叠的。对称铺层的材料方向、厚度和材料性能都是一样的。

2. 非对称层压板 层压板的各层铺叠不表现出中面对称特性。

3. 夹层板 夹层板是一种具有三层铺层的特殊对称层压板，中间一层通常是由柔软的核心材料填充，而对称的顶部和底部层则比中间层更硬、更强、更薄。

4. 复合材料后处理 复合材料结果的后处理可以使用几种不同的失效准则，如最大应力准则、

Tsai-Wu 失效准则或 Tsai-Hill 失效准则。这些失效的理论将在本章稍后讨论。此外，可以获得在每一层顶部和底部的应力，以及跨所有层的最大应力，层间的剪切应力也可以绘制出来。

16.5　实例分析：滑板

在本案例中，将分析一个复合材料滑板模型，如图 16-3 所示。获取铺层材料特性的各种方法将在此介绍和讨论。将学习如何正确地给壳单元赋予复合材料属性。最后，将介绍各种与复合材料壳单元的后处理相关的选项。

16.5.1　项目描述

本节将模拟 800 N 的骑手起跳后落在滑板上的情况。为了达到分析目的，只针对滑板(甲板)的响应。滑板是由有 13 层对称的碳纤维/环氧基质的复合材料组成的。

图 16-3　滑板模型

载荷将被施加到滑板上脚踩的地方和滑板与地面接触的地方，用以模拟人体体重的影响和地面撞击。

本节将尝试评估滑板在这种类型的载荷作用下何时失效以及如何失效。

处理流程

1. 赋予材料属性　复合材料铺层的材料属性将被讨论并赋予到相关的几何中。

2. 施加载荷　载荷将被赋予用来模拟一个骑手跳跃着陆的过程。

3. 结果后处理　将调查各种与复合材料相关的后处理技术，并基于这些结果评估滑板的设计。

操作步骤

步骤1　打开部件文件

从文件夹 Lesson16 \ Case Study 中打开 Deck 模型文件。因为我们只针对滑板在撞击地面时候的响应，所以只分析简化后的滑板模型，如图 16-4 所示。

步骤2　准备分析模型

从【配置管理器】中双击名为 FEA 的配置，如图 16-5 所示。在这个配置中，可以看到在特征管理器设计树中的几个特性没有被抑制。一个表面已经创建好，这样该模型将使用壳单元模拟(允许将它定义为一个复合材料)。分割线已经被创建好，用以定义骑手脚踏的位置。在下一步中隐藏固体以后，就可以看见它们。

图 16-4　简化后的滑板模型

图 16-5　配置

在 SOLIDWORKS 模型中，复合壳属性可以应用于在曲面上或定义为壳的、固体几何表面上生成的壳单元上。金属板几何体不能使用复合壳单元定义。

步骤3　创建一个实例

单击【Study】，为实例命名为 Impact。

> **注意** 单击【Static】，复合材料只支持静态分析、频率、屈曲和压力容器等几种分析类型。复合材料铺层的角度和厚度等参数，可用于设计研究中。

步骤4　从分析中排除固体模型

由于该分析中必须使用壳单元来划分网格，因此需要从分析模型中排除固体模型，如图16-6所示。

在仿真实例树中，展开文件夹【Deck】。右键单击【solidbody】并选择【从分析中剔除】。注意，当排除在分析之外时，固体模型将会被自动隐藏。由于固体模型已经被隐藏，在施加载荷和约束的时候，这些曲面将很容易被选择。

现在可以看见这些被用来确定载荷施加位置的分割线。

图16-6　从分析中排除固体模型

步骤5　定义复合材料层压板

在仿真实例树中，展开名为【Deck】的文件夹。右键单击【SurfaceBody】并选择【编辑定义】。在【类型】文件夹下，单击【复合】，如图16-7所示。

16.5.2　铺层属性

现在已经准备好要给每个复合材料铺层赋予材料属性。滑板的复合材料铺层由纤维和基质两种材料组成。正如前面所讨论的那样，所有的纤维材料都平铺在基质材料中的同一方向（铺层 X）。因为这些材料有不同的性能属性，仅仅单独考虑其中的纤维材料或者基质材料是不够的。为模拟其有效属性，需要确定要输入哪些参数，有几种方法可以实现这些要求。

1. 实验测量　通常，为了充分描述一个正交的材料（例如，材料有三个互相垂直的对称平面），需要 9 个材料常数（在三个方向的每个方向上的杨氏模量 E、泊松比 ν、剪切模量 G）。为了获得这些常数，需要做一系列的实验。响应将被测量，然后计算材料常数。显然，这是用相当广泛的方法来定义材料常数，但往往提供最准确的结果。

2. 微观力学　微观力学是一门与材料整体性能及其微观结构相关的科学。已存在许多不同的以正确定义不同类型的复合材料为目的的理论研究。

3. 混合物法则　在本实例中，每个铺层都是由连续单向纤维排列在一个基质材料中组成的。假设横向的各向异性纤维材料（E_{xf}，E_{yf}，ν_{xyf}，ν_{yzf}，G_{xyf}）和各向同性的基质材料（E_m，ν_m）的整体性能分别是已知的，混合物的法则可以用来计算单向铺层的近似有效属性。

首先，让我们定义一些必要的物理量：

（1）纤维体积分数（V_f）　纤维材料的总体积与铺层材料的总体积的比值。

（2）基质体积分数（V_m）　基质材料的总体积与铺层材料的总体积之比。

如果基质材料中没有其他的成分（如空洞），那么纤维材料的体积分数与基质材料体积分数之和应该等于 1。使用混合方法的法则，铺层的材料属性可以计算如下：

$$E_x = E_m V_m + E_{xf} V_f$$

$$E_Y = \frac{E_m E_{yf}}{E_m V_f + E_{yf} V_m}$$

$$E_z = E_y$$

$$\nu_{xy} = \nu_{xyf} V_f + \nu_m V_m$$

$$\nu_{yz} = \frac{\nu_{yzf} V_m}{\nu_{yzf} V_m + V_m V_f}$$

$$\nu_{xz} = \nu_{xy}$$

$$G_{xy} = \frac{G_{xym} G_{xyf}}{G_{xym} V_f + G_{xyf} V_m}$$

$$G_{yz} = \frac{E_y}{2(1 + \nu_{yz})}$$

$$G_{xz} = G_{xy}$$

这组方程提供了一种估计铺层材料的有效属性的方法。该混合物法则只能适用于连续的单向纤维铺层材料。此外，这些方程只适用于横向各向同性材料（如平面各向同性材料）。

4. 精度　研究表明，混合物法则能在纵向（纤维的方向）为材料属性提供相对精确的预测。使用混合法则预测材料的横向属性已被证明是欠准确的，一般不推荐使用。

在本例中，使用混合物法则预测材料的所有的属性（纵向和横向）是可以接受的，因为在本例中的加载情景下，纵向属性在结果分析中起主导作用。如果加载主要是横向材料特性起主导作用，可以使用更复杂的计算模型，例如自洽、Mori-Tanaka 或 H-Tensor 方法能更准确地计算材料的属性。

5. 必需的参数　使用复合材料建模时，建议必须输入六个材料常数 E_x、E_y、ν_{xy}、G_{xy}、G_{yz}、G_{xz}。如果这些参数中某些是未知的，SOLIDWORKS Simulation 将使用默认值来代替，这样有可能会对结果产生影响，也可能不会，这取决于加载条件。

6. 强度参数　另外，描述一个正交各向异性材料，除了需要材料常数以外，为了在后处理中使用失效准则，应该定义五个强度参数。

五个强度参数定义如下：
- X 方向的抗拉强度 F_{xt}。
- Y 方向的抗拉强度 F_{yt}。
- X 方向的抗压强度 in x，F_{xc}。
- Y 方向的抗压强度 in y，F_{yc}。
- xy 面内剪切强度 in xy，F_{xy}。

16.6 复合材料选项

【复合材料选项】位于【壳属性管理器】中，它们定义复合材料层压板铺层的一切属性：层压板的类型（例如多层夹层板、对称型或者非对称）、铺层的数量、铺层材料属性、铺层厚度、铺层方向以及铺层偏置，如图16-7 所示。图形窗口中显示了层压板的坐标系统（红色箭头和条纹是 X，绿色为 Y，Z 是蓝色）以及每一层的 X 方向（用灰色箭头表示），如图 16-8 所示。

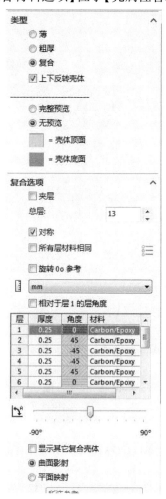

图 16-7 壳体定义面板

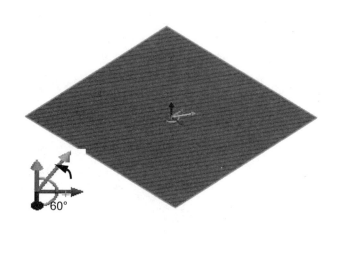

图 16-8 该铺层方向为 60°

⚠️ 注意   这个坐标系不能与部件或装配体的全局坐标系统混淆。

16.7 复合材料方向

在【壳体定义】属性面板中，也有【复合方位】选项，如图 16-9 所示。它允许如图 16-10 所示坐标系镜像操作以及图 16-11 所示坐标系旋转操作。

选项【旋转方向】允许复合材料坐标系逆时针旋转 90°，如图 16-11 所示。

这些选项只会影响复合材料当前选择的面。如果有多个壳，则它们的取向可能需要做相应的调整，使得所有壳的 X 方向对齐。

图 16-9 定义复合材料方向

图 16-10　镜像操作　　　　　　　　图 16-11　旋转 90°操作

16.8　偏移

复合材料层压板的铺层位置是相对于壳体表面定义的。最常用的配置是将铺层的中间层定位在壳面上。复合材料模块的其他选项是【顶表面】、【底表面】和【指定比率】，其中偏移值被指定为从壳体表面的中间表面测量的厚度的分数，如图 16-12 所示。

图 16-12　定义壳体偏移

步骤6　调整复合材料方向

使用【复合方位】工具（见图 16-13），调整每个壳面的坐标系，使 X 方向都对齐，正法线方向都指向向上方向（全局 Y），如图 16-14 所示。

　注意　在这个模型中，可以看到两个坐标系几乎出现在彼此的顶部。这些是具有重合质心的两个分离面的坐标系的原点。

步骤7　定义铺层

在【复合选项】中，输入"13"作为【总层】数量。勾选【对称】复选框。这将编辑复合材料层压板的前 7 个铺层。其他 6 层将相对于第 7 个铺层对称。输入 0.25mm 作为第 1~6 铺层的【厚度】。输入 9mm 作为第 7 铺层的【厚度】。对于第 1~7 铺层的角度，分别输入 0、45、−45、−45、45、0、0，如图 16-15 所示。

　注意　这种类型的铺层可以被认为是夹层板，因为芯材料比外层薄得多，然而夹层板选项仅允许是在芯的任一侧上的单层。在本课后的练习中，将研究一种不同的建模方法，允许使用夹板选项。

步骤8　定义材料

为铺层 1 单击【材料】下面的空框。在【材料】窗口中，向【自定义材料】文件夹中添加名为"复合材料"的新类别，创建名为 Carbon / Epoxy 的新材料。在【属性】选项卡的【模型类型】下，选择【线弹性正交各向异性】材料。确保【单位】设置为 SI-N/m²（Pa）。在【类别】下，输入【复合材料】。在【名称】下，输入 Carbon/Epoxy。在【默认失效准则】下，选择【未知】。

为材料属性输入以下值：

- X 方向弹性模量 $= 147 \times 10^9 \text{N/m}^2$。
- Y 方向弹性模量 $= 10.3 \times 10^9 \text{N/m}^2$。
- Z 方向弹性模量 $= 10.3 \times 10^9 \text{N/m}^2$。
- XY 面泊松比 $= 0.27$。

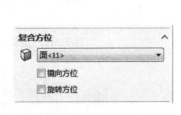

图 16-13　定义复合材料方向

图 16-14　调整复合材料方向

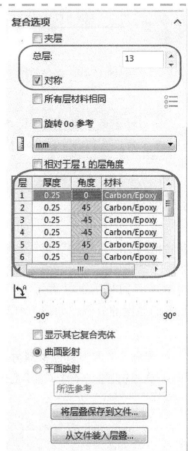

图 16-15　定义铺层

- YZ 面泊松比 $=0.54$。
- XZ 面泊松比 $=0.27$。
- XY 面剪切模量 $=7 \times 10^{9} \mathrm{N/m}^{2}$。
- YZ 面剪切模量 $=3.7 \times 10^{9} \mathrm{N/m}^{2}$。
- XZ 面剪切模量 $=7 \times 10^{9} \mathrm{N/m}^{2}$。
- 质量密度 $=1600 \mathrm{~kg/m}^{3}$。
- X 方向抗拉强度 $=2280 \times 10^{6} \mathrm{N/m}^{2}$。
- Y 方向抗拉强度 $=57 \times 10^{6} \mathrm{N/m}^{2}$。
- X 方向抗压强度 $=1725 \times 10^{6} \mathrm{N/m}^{2}$。
- Y 方向抗压强度 $=228 \times 10^{6} \mathrm{N/m}^{2}$。
- XY 面剪切强度 $=76 \times 10^{6} \mathrm{N/m}^{2}$。

单击【保存】，并单击【确定】。单击【关闭】按钮。将此新材料赋予给第 2～6 铺层。

步骤9　赋予芯材料

对于第 7 个铺层，从默认库中赋予【Balsa 木】材料。

单击【确定】✔，退出【壳定义】面板。

提示　这种限定的铺层将从壳体底部堆叠到壳体顶部；即铺层1将铺设在壳单元的底面上，而铺层 n 将铺设在顶部上。因此，必须确保网格的正确取向。这在步骤14中完成。

步骤10　施加载荷

在仿真算例树中,右键单击【外部载荷】并选择【力】↓,选择如图16-16所示的两个面,其中骑手的脚将接触到滑板。

单击【选定的方向】并选择顶平面作为参考面。在【力】选项中,选择【垂直于平面】选项并输入1200 N,单击【确定】。确保力载荷如图16-17所示方向向下。

 注意　　人的体重是800 N,但是施加了1200 N的力。这是因为正在模拟骑手从跳跃中落下并撞击地面。通常,设计师使用3或4的乘数作为冲击力的安全系数。在这种情况下,还必须将骑手重量除以2,因为它将由双脚均匀分布。

步骤11　施加反作用力载荷

骑手和地面都向滑板施加力载荷(作用力和反作用力),它在与滑板区域相反的方向上施加相同的载荷,如图16-18所示。

图16-16　载荷编辑

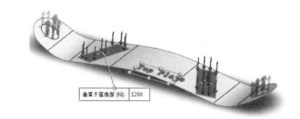

图16-17　施加外部载荷

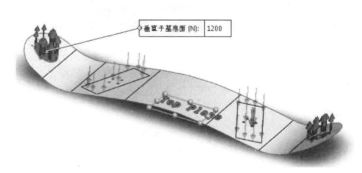

图16-18　施加反作用力

步骤12　设置分析属性

在【仿真分析】树中,右键单击【影响】,然后选择【属性】。

在【求解】选项下,单击使用【惯性释放】选项。这将允许求解程序在没有约束的情况下正确地计算。单击【确定】。

步骤13　划分网格

单击【创建网格】按钮🔲,指定【基于曲率的网格】,【最大单元尺寸】为18mm,【最小单元尺寸】为5mm。将【圆周上的最小单元数量】保持为8,【比率】为1.5。单击【确定】。

> ⚠️ 注意　壳单元底面的颜色在"仿真选项"菜单中设置（默认为橙色）。壳的顶面保持模型本身的颜色，如图 16-19 所示。

图 16-19　划分网格

壳对齐　当定义层压板的铺层时，应注意到，铺层将从底部到顶部随着铺层数量的增加而放置（即铺层 1 将铺设在壳的底面上，而铺层 n 将铺设在壳顶面上）。必须确保这也反映在网格上。模型的底部必须作为壳的底部。

步骤 14　对齐壳面

在本例中，必须翻转壳单元以适应铺层的创建方式。选择一个壳面，然后右键单击仿真研究树中的【网格】，并选择【翻转壳单元】。重复此过程以翻转其余的壳单元面，如图 16-20 所示。

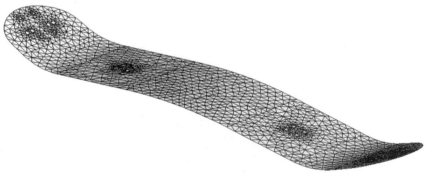

图 16-20　翻转壳单元方向

步骤 15　运行分析

单击【运行】🔩。

16.9　复合材料后处理

与任何分析一样，在得出关于模型设计的结论之前，必须对结果进行适当的后处理。当使用复合材料壳时，一些必需的唯一的参数要在后处理期间计算。

1. 应力　使用复合材料壳模型时，应力值可以分别绘制在每个层的顶部和底部。这是特别重要的，因为由于不同的材料性质和/或铺层取向，应力场通常在层间不连续。所以也可以绘制所有层中的最大应力。

2. 层间剪切应力　除了通常在任何其他壳体研究中计算的应力值之外，复合材料壳还可以计算层间剪切应力。这些层间剪切应力由于各个铺层的角度不一致或不同层材料的不同而产生，并且可能导致分层或其他的层压板失效形式。

3. 失效准则　失效准则是使用安全系数来表示的。这个安全系数应大于 1，以保证复合材料层压板不失效。有三种不同的失效准则可用于复合材料壳：

（1）最大应力准则　最大应力准则表征当主材料方向中的任何一个应力大于该方向上的材料强度时即为失效。

最大应力准则没有考虑到不同应力分量之间的相互作用的影响。通常，最大应力准则最好用于其交叉纤维应力主要处于张力状态的复合材料模型中。

（2）Tsai-Hill 失效准则　Tsai-Hill 失效准则（通常称为基于能量的相互作用理论）有点复杂。它使用用于韧性金属的 von Mises 失效准则的想法，并将其应用于正交各向异性复合材料中。

Tsai-Hill 失效准则考虑了应力分量之间的相互作用，但是它不区分张力和压缩，因此它最好用于在拉伸和压缩中具有相等强度的材料。通常，Tsai-Hill 标准最好用于其交叉纤维应力主要处于压缩状态的复合材料。

（3）Tsai-Wu 失效准则　Tsai-Wu 失效准则（通常称为交互张量多项式理论）与 Tsai-Hill 类似，一般它区分张力和压缩。因此，当强度不等于张力和压力时，最好使用它。通常，Tsai-Wu 失效准则最好用于其交叉纤维应力主要处于压缩状态的复合材料。

一般来说，对于以纤维为主的层压板来说，所有三种失效准则都可以给出合理的预测。对于基质的失效，必须区分横向张力和横向压缩。

步骤 16　定义应力图解

单击【定义应力云图】按钮 ，按图 16-21 进行设置，定义绘图以查看第一层底部的【von Mises 应力】，如图 16-22 所示。还可以选择【所有层最大量】，以获得所有层上指定应力分量的最大值，单击【确定】 。

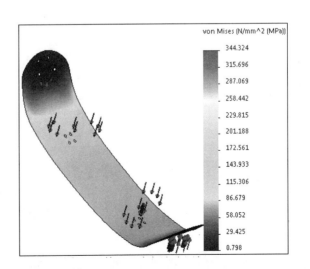

图 16-21　应力图解设置　　　　　　　　　　图 16-22　第一层底部应力图解

步骤 17　绘制位移图

单击【定义位移图】，创建【结果位移图】，如图 16-23 所示，单击【确定】。

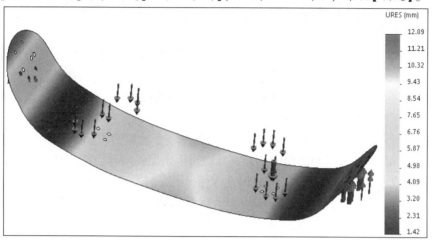

图 16-23　位移图解

> **重要**　注意，因为使用了【惯性释放】选项，可能发生将影响这些结果的刚体位移。在本例中，我们选择使用【惯性释放】选项，是因为滑板两侧的力是平衡的（相等和相反）。

步骤 18　绘制安全系数图

单击【绘制安全系数图】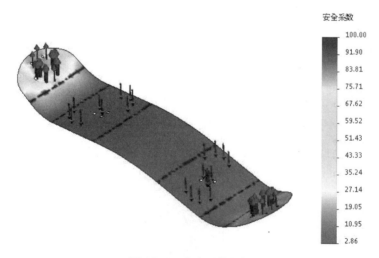，使用 Tsai-Wu 失效准则作为本例的失效准则。在向导的第二页上，单击【所有层中最差工况】以获得每个节点的最大值，如图 16-24 所示。单击【确定】。

图 16-24　安全系数图解

如果需要，编辑【图表选项】以显示合理的比例。最小安全系数大于 1 表示模型是安全的。

> ⚠ **注意**　建议用户创建具有不同失效准则的绘图，并查看结果是如何受到影响的。

步骤 19　定义应力图

单击【定义应力图】，如图 16-25 所示。定义绘制第一铺层底部 *XZ* 平面上的层间剪切应力的应力图，如图 16-26 所示。单击【确定】。

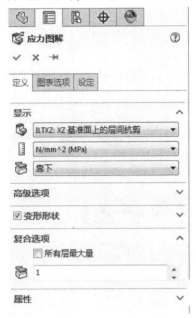

图 16-25　层间应力图解设置

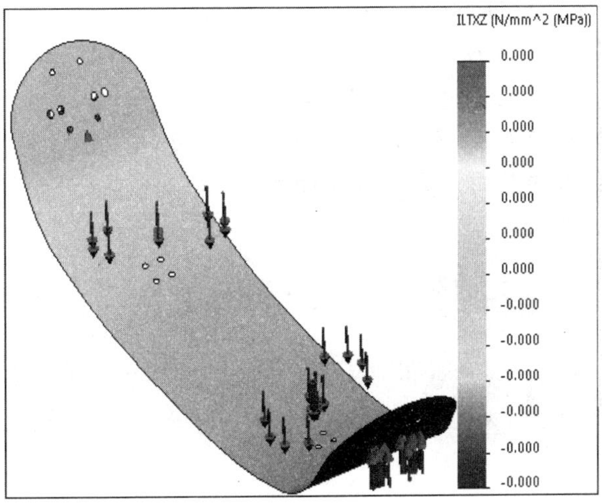

图 16-26　第一铺层底部层间应力图解

该图显示剪切应力为零。这是因为我们在层压板的最底部绘制层间剪切应力，而下面没有铺层，如果绘制在最后一层的顶部，则该图看起来将是一样的。

步骤 20　定义应力图

单击【定义应力图】，如图 16-27，图 16-28 所示。定义绘制【第一铺层顶部】的【*XZ* 基准面上的层间抗剪】应力的应力图。单击【确定】。

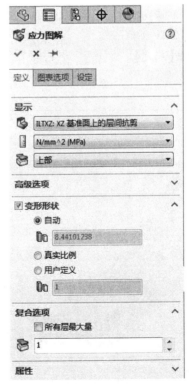

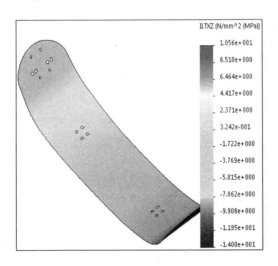

图 16-27　第一铺层顶部层间应力

图 16-28　*XZ* 面内层间应力

步骤21　定义应力图

单击【定义应力图】。定义绘制【第一铺层顶部】的【YZ 基准面上的层间抗剪】应力的应力图，如图 16-29 所示。

单击【确定】。

注意，最大值为 1.4 MPa。该值比在 XZ 平面中报告的值小得多，因为 XZ 平面是第一层的纵向方向，而 YZ 平面是横向的。如果我们知道在层压板的这一层中使用的胶合剪切强度，我们可以将其与 XZ 平面上的层间抗剪应力进行比较，以决定是否有效。

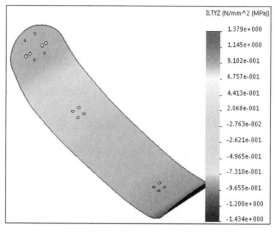

图 16-29　YZ 平面上层间剪切应力

 所有层间抗剪应力都是在各个铺层的局部坐标系中计算并呈现的。

 注意　建议用户在不同方向上绘制各层的这些层间应力。您还可以选择【所有层中的最大值】，以获取每个节点的最大值。

4. 抗剪应力　绘制复合层压板的抗剪应力是不必要的。为了评价层间的胶合强度，只需要层间应力。

步骤22　绘制应力图

单击【应力图解】按钮，定义绘制第二层顶部【X 法向应力】的应力图解，如图 16-30、图 16-31 所示。

单击【确定】。

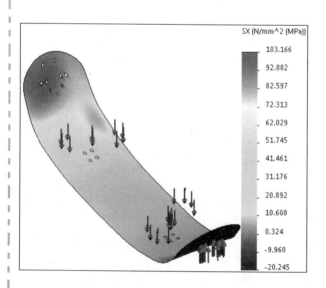

图 16-30　第二层顶部 X 法向应力

图 16-31　X 法向应力

步骤23　绘制应力图

单击【绘制应力图】，定义绘制第二层顶部【X 法向应力】的应力图。勾选【在复合曲面上以层方向显示结果】复选框，如图 16-32 所示。

单击【确定】。

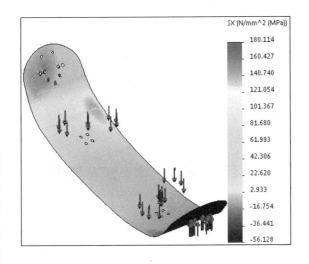

图 16-32　以层方向显示结果

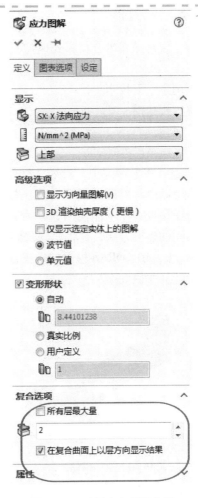

图 16-33　以层方向显示结果

注意

该图和步骤 22 中创建的图之间的差异在于，如在步骤 7 中所定义的那样，该结果是在铺层的局部坐标系中显示结果(即 X 方向被定义为铺层角度)。如果【在复合曲面上以层方向显示结果】复选框没有被选择，则结果显示将在复合材料坐标系中，如步骤 6 中所定义那样，如图 16-33 所示。建议用户为不同的层绘制这种类型的结果。

16.10　总结

本课介绍了复合材料，详细讨论了复合层压板和各个铺层之间的差异。也详细讨论了材料性能，并概述了混合物的规则，用于预测复合材料层板材料的性能。并显示了如何正确地设置复合层压板铺层。

演示了使用 SOLIDWORKS Simulation Premium 的复合材料模块，建立了一个滑板模型。模拟了骑手跳跃落在滑板上的过程。讨论了复合材料的各种后处理选项。对比了复合材料后处理中可用的不同失效准则，并确定如果最小安全系数大于 1，则该模型是安全的。此外，讨论了层间抗剪应力以及如何将该结果与胶合强度对比。最后，绘制法向应力，并且将它们显示在特定坐标系中。

练习　有效的材料属性

在本课中，将对平面复合材料壳模型进行分析，用以计算在具有多个顶层的夹层板中使用的有效材料性质。

本练习应用了以下技术：

- 复合层压板建模。
- 铺层板属性。
- 复合材料结果后处理。

1. 问题描述　在上一课中，对复合材料滑板模型执行了分析，图 16-34 所示。板被建模为具有六个薄外层和一个厚中心层(芯)的对称层压板。应注意到，这种类型的复合材料通常被称为夹层板。然而，软件内的夹层板选项不能使用，因为它仅允许三层(两个薄外层和一个厚中心层)。在本练习中，我们将使用不同的建模方法，这将允许我们利用夹层板选项来解决这种类型的问题。

如前所述，SOLIDWORKS 模拟中的夹层板选项仅允许三个材料层，如图 16-35 所示。而本例中的滑板有 12 个铺层(每侧 6 个)。

图 16-34　滑板模型

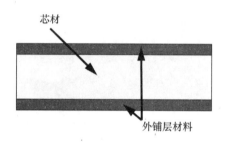

图 16-35　夹层板模型

为了将这些多层表示为单层，可以对该材料的切片执行单独的一系列分析以计算有效(总体)材料属性。然后可以使用夹层板选项将这些计算得到的有效属性作为外铺层的属性。

 　这种类型的方法仅仅是因为层压板结构是平衡/对称的。我们始终建议用户将所有已知常数赋予给材料属性。

2. 纵向张力　为了表征材料属性，我们将首先计算得到纵向张力。将利用模型中的四分之一对称性来建立该模型。根据本研究的结果，我们将能够计算 X 方向上的杨氏模量和 XY 面上的泊松比。

操作步骤

步骤 1　打开模型文件

从 Less on01 \ Exercises 文件夹中打开 sheet 文件，如图 16-36 所示。

请注意，已为用户创建好了中间面模型。这片平板材料代表的上滑板模型的顶部 6 层的铺层。我们将对其进行三次独立分析，以计算有效材料性能。

步骤 2　创建一个实例

单击【实例】，对该实例命名为"longitudinal tension"，单击【静态】。

步骤3　从分析中排除实体

从 sheet 文件夹中排除 SolidBody。

步骤4　定义复合材料层压板

在"仿真研究"树中，展开名为 sheet 的文件夹，右
键单击 SurfaceBody 并选择【编辑定义】。在【类型】下，
选择【复合(材料)】。

在【复合选项】下，输入 6 作为【总层】的数量。

勾选所有层材料相同、【对称】复选框，如图 16-37、
图 16-38 所示。

图 16-36　平板模型

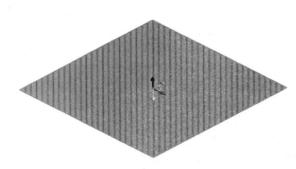

图 16-37　复合材料铺层方向

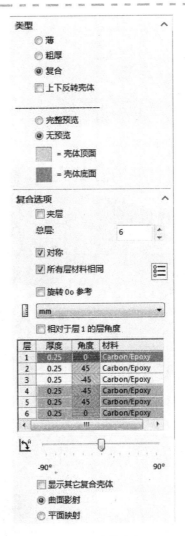

图 16-38　壳体定义

单击【选择材料】并选择与本课程中使用的相同的 Carbon/Epoxy（碳/环氧）材料。确保选
择【线弹性正交各向异性】作为【模型类型】，并将【未知】作为【默认失效准则】。

每层厚度输入 0.25mm。分别输入 0、45 和 -45 作为铺层 1、2 和 3 的【角度】，单击【确
定】。

步骤5　施加外部载荷

单击【压力载荷】⛏，指定 1MPa 的载荷，使得纸张沿 X 方向保持张力，如图 16-39、图
16-40 所示。单击【确定】。

步骤6　施加对称约束

在与载荷相反的边缘以及板的底部边缘上施加【对称】约束，如图 16-41 所示。

步骤7　施加固定几何约束

将【固定几何】约束施加在模型的左下角。这将限制模型垂直于板模型平面，如图 16-42
所示。

步骤8　划分网格

使用默认设置的【标准网格】划分该模型。

步骤9　运行分析

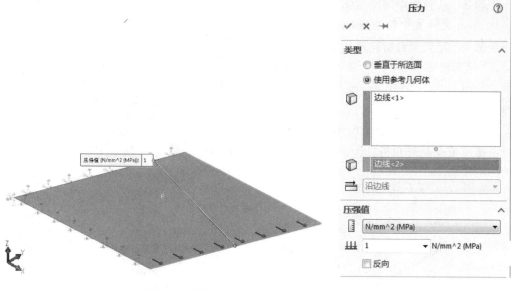

图 16-39　压力载荷　　　　　　　　　　图 16-40　压力载荷定义

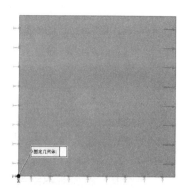

图 16-41　施加对称约束　　　　　　　图 16-42　施加约束

步骤 10　绘制应变图

定义一个 X 法向方向应变图 EPSX：X Normal Strain，为此图选择任意一个铺层。应变值同样都是 1.526×10^{-5}。

步骤 11　绘制应变图

定义一个 Y 法向方向应变图 EPSY：Y Normal Strain，应变值同样都是 -1.015×10^{-5}。

3. 有效的纵向属性　对于这些应变结果，有效的纵向材料性能计算如下

- E_x：$E_x = \dfrac{\sigma_x}{\varepsilon_x} = \dfrac{1\,\text{MPa}}{1.526 \times 10^{-5}} = 65.53\,\text{GPa}$

- ν_{xy}：$\nu_{xy} = -\dfrac{\varepsilon_y E_x}{\sigma_x} = -\dfrac{(-1.015 \times 10^{-6}) \times 65.53\,\text{GPa}}{1\,\text{MPa}} = 0.665$

4. 横向张力　表征这种类型的层压板所需的第二个实验是横向张力。该实验将用于计算 Y 方向的杨氏模量。

操作步骤

　　步骤1　复制一个新的算例
　　使用【复制算例】功能将 longitudinal tension 算例复制并创建一个名称为 transverse tension 的新算例。
　　步骤2　施加外部载荷
　　编辑【压力】载荷，以便沿 Y 方向的顶部边缘施加压力，如图 16-43 所示。
　　步骤3　划分网格并运行分析
　　步骤4　应变图
　　定义一个 Y 法向方向的应变图 EPSY：Y 法向应变，应变值同样都是 3.50×10^{-5}。

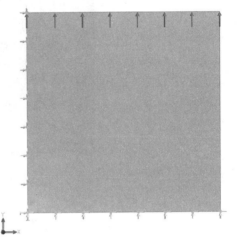

图 16-43　Y 方向压力载荷

---

5. 有效的横向属性　利用该应变结果，可以按如下方法计算 Y 方向上的有效横向杨氏模量

- $E_y = \dfrac{\sigma_y}{\varepsilon_y} = \dfrac{1\,\text{MPa}}{3.500 \times 10^{-5}} = 28.57\,\text{GPa}$

6. 面内剪切　表征这种类型的层压板所需的第三个实验是面内剪切。该实验将用于计算 XY 面内的剪切模量。

操作步骤

　　步骤1　复制一个新的算例
　　再次使用【复制算例】功能将 transverse tension 算例复制，并创建一个名称为 in-plane shear 的新算例。
　　步骤2　删除约束和外部载荷
　　这个实验不能利用对称性，因此必须删除约束。
　　步骤3　施加外部载荷
　　如图 16-44 所示，对薄板的四条边中的每一条边分别施加 1MPa 的【压力】载荷。

注意　　薄板的每条边都需要单独的压力载荷，因为每个压力都加载在不同的方向上。

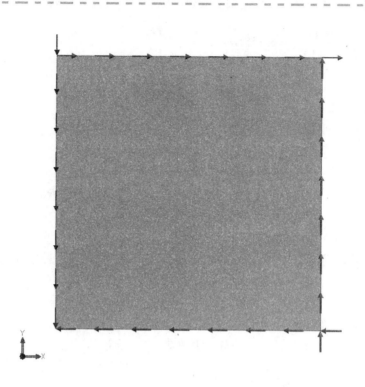

图 16-44　四边的压力载荷

步骤 4　设置算例属性
在算例属性中的【求解】选项卡下，单击【使用惯性释放】选项。
步骤 5　网格划分并运行分析
步骤 6　应变图
定义一个 YZ 平面内的 Y 方向上的应变图 GMXY，应变值同样都是 3.603×10^{-5}。

7. 有效的剪切性能　利用该应变结果，可以按如下方法计算在 XY 方向上的有效剪切模量

$$G_{xy} = \frac{\tau_{xy}}{\gamma_{xy}} = \frac{1 \text{MPa}}{(3.603) \times 10^{-5}} = 27.76 \text{GPa}$$

8. 面外特性　在本练习中，我们没有计算任何面外（Z 方向）材料属性。为了获得这些参数，实验是必要的；然而为了达到本课程练习的目的，我们只在定义夹层板时输入面内材料属性。

9. 滑板模型　我们现在将使用夹层板选项来建立滑板模型，这些有效的材料属性将作为两个外部壳的属性输入。

操作步骤

步骤 1　打开滑板模型
从练习文件夹中打开 mountainboard deck 模型。
步骤 2　复制算例
使用【复制算例】功能将 Impact 算例复制，并创建到名为 Sandwich 的新算例。

步骤3　编辑壳定义

编辑复合材料壳的定义，使复合材料壳由夹层板制成。指定中心材料为【Balsa】，厚度为9mm。定义两个外铺层，并指定厚度为1.5mm，如图16-45所示。

步骤4　编辑材料属性

输入本课中计算的材料属性作为层压板外层的属性（沿 X 方向定向），如图16-46所示。

步骤5　划分网格并运行分析

步骤6　绘制位移图解

绘制滑板的位移结果图解，如图16-47所示。

注意，所得的位移结果为11.96mm，非常接近具有全部铺层算例的位移结果（12.09mm）。我们可以得出结论，我们的实验计算得到的外铺层的有效材料属性是正确的。

建议用户进行后处理，并与以前课程中完成的一些其他结果进行比较。注意，因为模型现在是夹层板建模的，所以不能绘制所有的结果云图以进行比较。

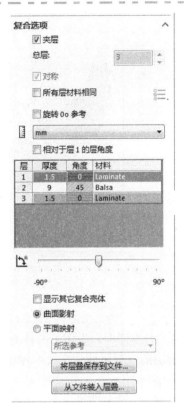

图 16-45　复合材料选项

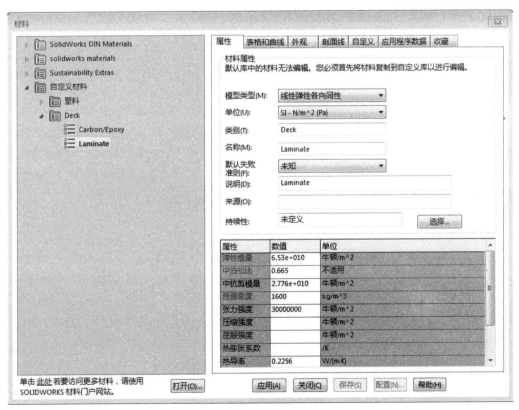

图 16-46　编辑材料属性

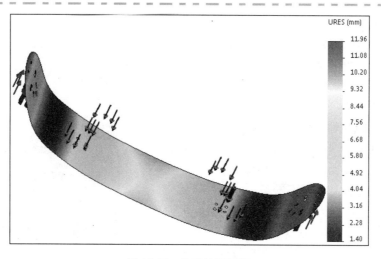

图 16-47　位移结果图解

10. 总结　在本课中，采用了一种不同的方法来模拟滑板，该滑板被建模为夹层板模型。为了获得夹层板的外铺层的材料属性，在简单片材上进行一系列实验，从而计算获得有效材料性质。然后将这些性质放入夹层板中。

在这种情况下，夹板方法是有效的，然而可用的结果也是有限的。例如，外层之间的层间剪切应力不能被显示出来，因为它们已被建模为单层结构了。如果为了这些目的（获取层间剪切应力），也许在上一课中采用的建模方法是更可取的。然而，在某些情况下，夹层板选项可以更快地提供有效的结果。

附　　录

附录 A　非线性结构分析

A.1　概述

工程师或设计人员遇到的所有分析问题都可以通过非线性分析完成。然而，和静态分析相比，非线性分析需要更多的步骤进行设置，并且需要更长的时间来求解结果。

当满足下列条件时，可以采用线性静态分析：

- 材料是线弹性的，即移除载荷后，几何体会恢复原状。
- 和模型尺寸比较而言，变形量很小。
- 载荷及约束一直加载在模型上，大小和方向均保持不变，而且载荷不会导致分离的零件相互接触。

如果不满足以上任何一项，则不能使用线性静态的方法。这时载荷（广义力）和响应（广义位移）的关系变为非线性，则必须使用非线性分析以得到更真实的结果，如图 A-1 所示。

线性静态问题的线性方程组（SLE）可以由下面的矩阵形式表达

$$[K]\{u\} = \{F\}$$

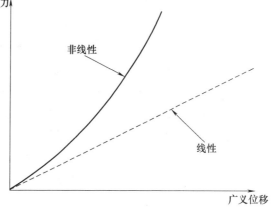

式中，$\{u\}$ 为未知模型位移的一个矢量；$[K]$ 为刚度矩阵，取决于模型的几何形状及材料；$\{F\}$ 为外部加载力的矢量。线性静态分析中的两个重要约束是 $[K]$ 和 $\{F\}$ 为常数，SLE 可以通过一个载荷步骤求解出结果。

当前面的条件不满足时，若 $[K]$ 和 $\{F\}$ 不再是常数，则用户面对的将是一个非线性分析，描述问题的方程也将修改为

图 A-1　非线性示意图

$$[K(u, F(u))]\{u\} = \{F(u)\}$$

式中，刚度矩阵是最终位移 $\{u\}$ 和外部作用力 $\{F(u)\}$ 的函数。

这样，我们便无法一步求解出结果，必须做更多的计算

A.2　非线性类型

非线性问题分为以下三类：

- 几何非线性。
- 材料非线性。
- 边界非线性。

每种类型可以单独出现，或者与其他类型组合出现。

A.2.1　几何非线性

这类非线性源自几何形状的大位移影响。为了演示几何非线性的概念，请想象一根悬臂梁在一定压力作用下的情况，如图 A-2a 所示。首先，假定相对于横梁的刚度而言，右端施加载荷非常小，结果

导致变形量几乎可以忽略不计，如图 A-2b 所示。横梁变形后的刚度 $[K_1]$（表示为几何形状和材料的函数）将无限接近横梁未变形时的刚度 $[K]$。因此可以得出结论：$[K] \approx [K_1]$，只要上面的假设成立，则线弹性的解 $[K]\{u\} = \{F\}$ 就有效。

如果相同的横梁加载了更高的压力，则变形量也会变大。由于几何形状的明显变化，该横梁的刚度 $[K_3]$ 也会明显不同，线弹性的解将不再有效，如图 A-2c 所示。

图 A-2b 和图 A-2c 通常分别对应小位移和大位移问题，总的来说，大位移会导致结构的硬化和（或）软化，如图 A-3 所示。

位移相关载荷 外加载荷随着结构的位移增加而发生变化，会产生保守或非保守的加载。在保守加载的情况下，结果只取决于初始值和最终值，而在非保守加载的情况下，结果与路径相关，上面的假设将不再有效（参见 Timoshenko and Gere，1963）。

A.2.2　材料非线性

这类非线性行为源自应力和应变的非线性关系，如图 A-4 所示。

有几个因素可以影响应力-应变关系，例如：

- 加载历史；塑性问题。
- 加载持续时间：蠕变分析，粘弹性。
- 温度：热-塑性。

后面的章节将讲述更多的材料非线性问题。

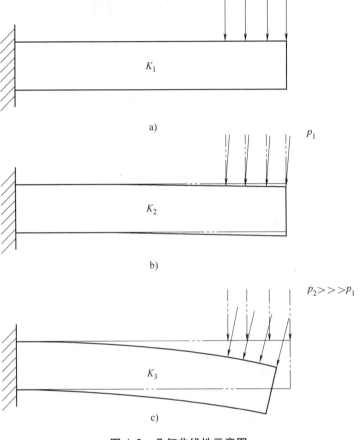

图 A-2　几何非线性示意图

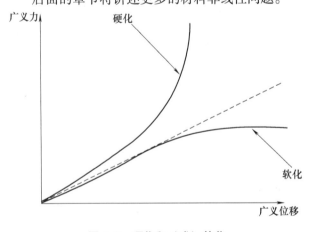

图 A-3　硬化和（或）软化

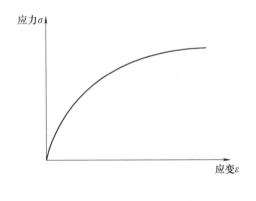

图 A-4　应力-应变曲线

A.2.3　边界非线性

这类非线性行为源自结构的边界条件（运动和（或）力）的性质发生了改变，涉及机构运动中的分析。

- 接触问题。

- 结构冲击问题。
- 拟合问题。
- 齿轮齿面接触问题。

A.3　非线性的求解

一个非线性问题无法通过一组线性方程组进行数值模拟，它只能通过一组非线性方程组表达，它未必有唯一解，也可能无解。求解非线性问题需要使用递增（步进）的技术，一般来说，每次增量（步长）的迭代是为了满足每次增量（步长）结束时的平衡。

递增的方法是通过增加加载的载荷（从一个步长到下一个步长）来完成的，直到一定的加载值。递增会在一次增量到下一次增量之间产生累积误差，从而产生不正确的结果。因此，应该运行平衡迭代，使结果在预设公差下满足平衡路径。

由于载荷必须递增地加载，下面介绍一个变量，来帮助我们指定分析过程中载荷的变化。

递增载荷及时间曲线　"时间"变量用于给定每个步长（时间曲线）的加载大小，每个步长都对应一个特定的时间。任意给定时间的载荷大小都可以通过"时间曲线"表示。因此，定义非线性分析的时间曲线是一个非常重要的步骤。

提示：*在非线性静态分析中，假定所有变形是即刻发生的，不存在惯性力和阻尼。这里的"时间"应该理解为伪时间，它只是用于定义分析过程中载荷是如何递增的。*

附录 B　几何非线性分析

B.1　概述

结构的总体刚度取决于每个有限元刚度的大小。
在施加载荷时会发生下列现象：

- 结构从初始位置产生移位。
- 节点坐标发生改变。

这些变化如果足够大，则不能忽略这些几何非线性的因素。下面从几何非线性的角度对问题进行分类。

B.2　小型位移分析

位移引发的变形及空间方位（旋转）的变化很小。因此，可以忽略影响总体结构刚度的单元刚度变化，从而可以通过一步（线性静态问题）求解该问题。

B.3　大型位移分析

位移引发的变形及空间方位（旋转）的变化也可能很大。因此，不可以忽略影响总体结构刚度的单元刚度变化，该问题必须通过增量方法（几何非线性静态分析）求解。同时，它需要包含位移和应变的扩展几何关系。

在分析属性中，用户可以通过勾选【使用大型位移公式】复选框来使用大位移分析，如图 B-1 所示。

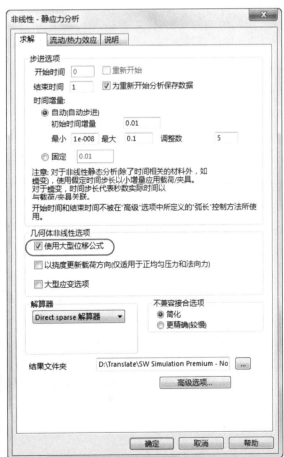

图 B-1　算例属性

215

B.4　有限应变分析

在有限应变分析中，会有大的局部变形量，就像应变一样。而且，位移引发的变形及空间方位（旋转）的变化可能会很大。

有限应变分析需要采用正确的材料本构关系。对塑性模型而言，用户必须输入正确的单向应力-应变曲线特征。对于镍钛合金和 von Mises 塑性材料模型，可能需要使用算例属性中的【大型应变选项】选项（只针对塑性材料模型），如图 B-1 所示。

图 B-2 所示为一个典型的大应变问题的例子：橡胶板的大变形。请注意，几何体改变了方向，而且压力的作用点也发生了改变。同时应注意，有限单元的巨大局部变形会产生大应变。

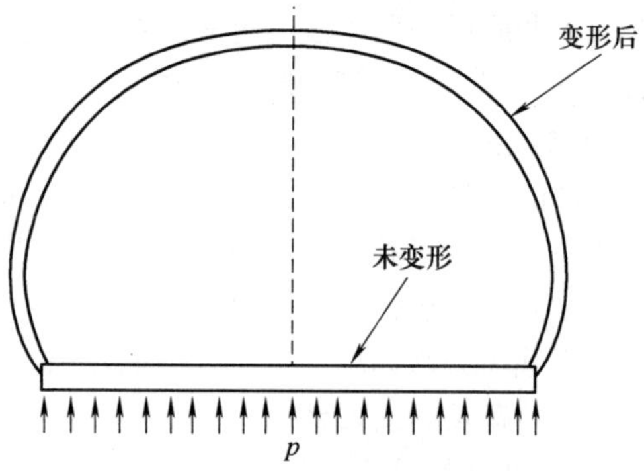

B.5　大挠度分析

在大挠度分析中，单元的空间方位可能会无限（大），而引发的局部变形量（应变）很小。该问题属于大型位移分析的一个分支。必须勾选算例属性中的【使用大型位移公式】复选框。如图 B-3 和图 B-4 所示为两个典型的大挠度问题的例子：端点力矩作用下的悬臂梁以及扁拱的跳跃（回弹）屈曲分析。

注意，虽然几何尺寸的变化很大，但有限元的局部变形可能很小。

图 B-2　位移相关压力载荷下的圆形橡胶板变形示意图

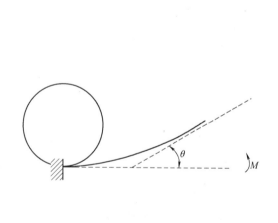

图 B-3　端点力矩作用下的悬臂梁示意图

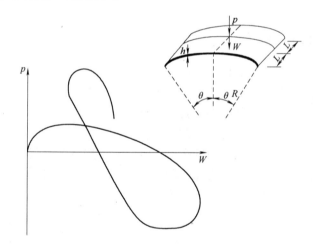

图 B-4　扁拱的跳跃（回弹）屈曲分析示意图

附录 C　材料模型和本构关系

C.1　概述

SOLIDWORKS Simulation 集成了几个数学材料模型来模拟复杂的工程材料。用户可以根据企业的现实意义和可用的实验数据来选择材料模型。可以集成到 SOLIDWORKS Simulation 非线性模块中的材料模型被广泛定义为：

- 弹性模型。
- 弹塑性模型。

- 镍钛合金模型。
- 线性粘弹模型。
- 蠕变模型。

C.2　弹性模型

弹性材料模型的特点是载荷的加载、卸载、重新加载都会沿着同一应力路径进行。SOLIDWORKS Simulation 包含下列弹性模型：

1）线性弹性模型。

2）非线性弹性模型。

3）超弹性模型。

①Mooney-Rivlin 模型。

②Ogden 模型。

③Blatz-Ko 模型。

C.2.1　线性弹性模型

这类材料都遵循胡克定律，当增加或减少载荷时，应力和应变成比例变化，如图 C-1 所示。

这类材料模型的一些特征如下：

1）材料特性可以是各向同性的，也可以是正交各向异性的。各向同性的材料在各个方向拥有类似的特性，并通过弹性模量 E 和泊松比 ν 定义。

2）正交各向异性材料在不同方向展示不同的特性，并提供三个互相垂直的弹性对称基准面（三个主要的材料方向）。这类材料更为复杂，它由 9 个独立的材料常量来说明。

3）如果包含热力载荷，则必须提供材料常量，如热导率 K、热膨胀系数 α 以及比热 C。

4）温度相关性也可以和所有力学属性相关联，例如弹性模量通过熟知的交叉性相关系数来建立关联。

C.2.2　非线性弹性模型

和线弹性模型不一样，这个模型的应力-应变关系被认为是非线性的，如图 C-2 所示。

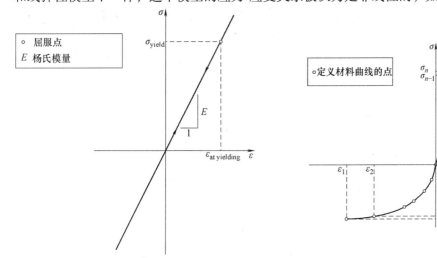

图 C-1　线性模型（沿同一路径加载和卸载）　　　　图 C-2　非线性模型

该材料模型的一些特征如下：

1）只适用于各向同性材料。

2）必须给程序提供连续的应力-应变曲线。

3）应力-应变曲线在拉伸和压缩阶段可以不同，这样可以表现在拉伸和压缩加载过程中不同的材料响应。如果不指定压缩部分的曲线，SOLIDWORKS Simulation 则会假定拉伸和压缩的行为类似。数据点必须按照应变增加的方向输入（从 $\varepsilon_1 \sim \varepsilon_n$）。

4）热膨胀系数、泊松比、密度也可以是与温度相关的量。

C. 2. 3　超弹性模型

超弹性材料的特点是它能在相对小的应力作用下产生大的应变（例如橡胶）。超弹性的名称来自在小载荷下发生大变形的能力。

尽管将材料视为弹性的，但它们的表现极为复杂，而且取决于加载模式。图 C-3 所示为一个典型的超弹性材料"应力-拉伸比"图表的加载分支。

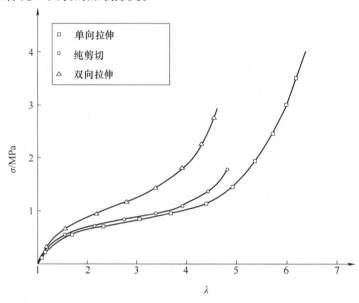

图 C-3　超弹性模型

> 提示　对超弹性材料，通常输入应力-拉伸比图表，而不使用应力-应变图表。下面给出了拉伸比 λ 与应变 ε 的关系
>
> $$\lambda = 1 + \varepsilon$$
>
> 式中，ε 为工程应变。

由于超弹性材料表现的复杂特性，它们的弹性常量源自弹性应变能密度函数（通常以 W 表示）。基于这个特定的模型，必须给 SOLIDWORKS Simulation 提供确定的材料常量。

SOLIDWORKS Simulation 中的超弹性模型有以下三种：

● Mooney-Rivlin 模型（M-R）。

● Ogden 模型（OHE）。

● Blatz-Ko 模型。

1. Mooney-Rivlin 模型（M-R）　这是最常用的超弹性模型，因为很容易从材料制造商获得材料常量。下面列出了这个模型的一些材料特性：

1）Mooney-Rivlin 材料模型可以使用 2 个、5 个或 6 个常量来定义（2—常量 M-R 模型，5—常量 M-R 模型等），可以直接从 SOLIDWORKS Simulation 的【材料】对话框中输入，如图 C-4 所示。请注意，在【属性】选项卡中，【模型类型】必须选择【超弹性-Mooney Rivlin】。

2）前两个 Mooney-Rivlin 常量的和必须一直大于零，即 $A + B > 0$。

3）如果可以提供简单张力、平面张力、双轴性张力的"应力-拉伸比"曲线，SOLIDWORKS Simulation 便能够推导出 Mooney-Rivlin 常量。尽量只需要三条曲线中的一条即可得出，但还是强烈建议提供所有三条曲线，以确保结果更可靠。用户可以在【材料】对话框的【表格和曲线】选项卡中输入曲线，如图 C-5 所示。

4）2—常量 M-R 模型适合应变达 150% 的实验数据。实验情形包含简单张力、纯剪切和等轴拉伸。

5）在缺乏实验数据的情况下，如果给定弹性模量 E，则可以近似假设 A 和 B 系数为

$A = 0.8E$

$B = 0.2E$

6）使用常量 $C \sim F$，可以扩展模型应变的有效性高达 600%。为了保证不可压缩性（橡胶为近乎不可压缩材料），泊松比必须在 $0.48 \sim 0.5$，推荐数值为 $0.499 \sim 0.4999$。

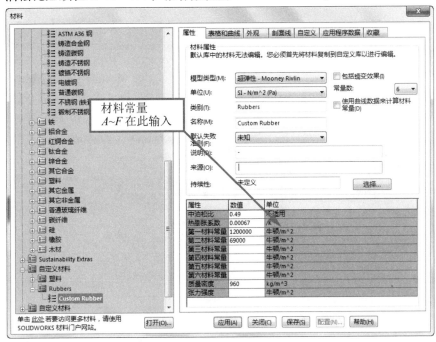

图 C-4　模型特征

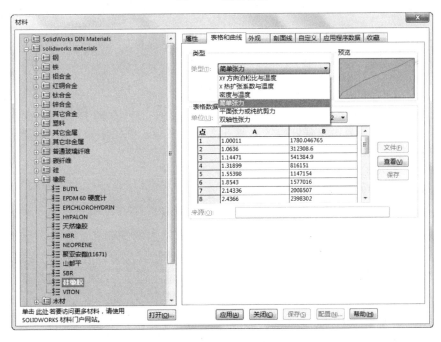

图 C-5　输入曲线

2. Ogden 模型（OHE）　对于橡胶这样的不可压缩材料，选择 Ogden 的超弹性模型是另外一种常用办法。它的弹性应变能密度函数在描述橡胶类材料的大变形时被认为是最成功的。下面列出了这种模型的特性，如图 C-6 所示。

1）修正的 3-常量 Ogden 模型被广泛应用，它能描述橡胶材料的变形，应变高达 600%。

2）SOLIDWORKS Simulation 可以指定多达 4 个常量（一对常量 $\alpha_{1,2,3,4}$ 和 $\mu_{1,2,3,4}$）。

3）2—常量 M-R 模型（常量 A 和 B）是 2—常量 Ogden 模型（常量 α_1，α_2，μ_1 和 μ_2）的一种特殊形式。在这种特殊形式下，两个模型常量之间的关系为

$$\alpha_1 = 2$$
$$\alpha_2 = -2$$
$$\mu_1 = 2A$$
$$\mu_2 = -2A$$

4）Ogden 模型的计算效率可能比 Mooney-Rivlin 模型要低。

5）如果不知道这些常量的大小，用户可以输入材料曲线（和 Mooney-Rivlin 模型中的情况一样）。为了保证不可压缩性，推荐泊松比数值为 0.499 ~ 0.4999。

图 C-6　模型特征

3. Blatz-Ko 模型　对于像泡沫类的可压缩超弹性材料而言，Blatz-Ko 模型比 Mooney-Rivlin 模型和 Ogden 模型更加合适。该模型只需要弹性模量 E 这一个材料常量。假定泊松比 $\nu = 0.25$。

超弹性模型的一般注意事项

- 推荐使用 NR（牛顿拉夫森）迭代法。
- 如果结构受到压力载荷，请使用位移相关的加载选项。
- $0.48 \leqslant \nu < 0.5$ 是可以接受的。
- 当处理橡胶类材料时，由于问题的高度非线性，快速增加的载荷经常导致数值不稳定（刚度产生负的对角线项）和平衡迭代时发散。在这种情况下，自动步进算法可以起到帮助作用。
- 在各种加载速率下，如果经常发生负的对角线项（数值不稳定），采用位移或弧长控制方法可能比力控制方法更加有效。
- 对壳单元而言，分析更为简单，因为公式可以通过假定完美的不可压缩性（$\nu = 0.5$）而推导得出，因此可以忽略 NUXY。

C.3　弹塑性模型

当质点应力超出屈服点时，弹性材料模型不再有效。在这种情况下，必须使用弹塑性模型的能力来描述后屈服问题。

C.3.1　弹塑性模型的基本特征

弹塑性模型区别于弹性模型的基本特征有：

- 沿不同曲线加载和卸载载荷。
- 路径相关。
- 交变加载的表现。

1. 沿不同曲线加载和卸载载荷　如果材料加载了超过屈服强度的载荷，当完全移除载荷后，材料将会产生永久变形 $\varepsilon_{永久}$。如果材料重新加载载荷，则会沿着之前卸载的路径加载。产生的结果是，屈服点发生移位，材料变硬（应变硬化），如图 C-7 所示。

2. 路径相关　如果最终应力相同，但加载历史不同，则会产生不一样的应变，如图 C-8 所示。

3. 交变加载的表现　如果金属受到周期性的拉伸和压缩，每次改变加载模式（拉伸/压缩）后的屈服点都会不同，这种现象称为包辛格效应，如图 C-9 所示。

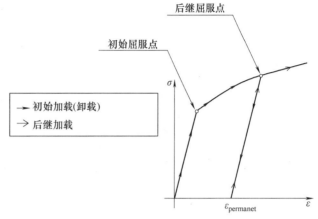

图 C-7　应变硬化

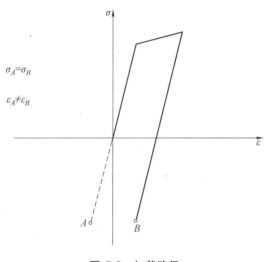

图 C-8　加载路径

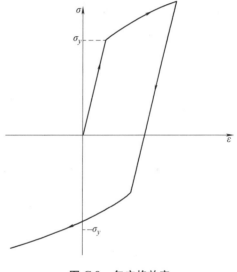

图 C-9　包辛格效应

> **提示**　每完成一次加载周期，包辛格效应的影响就会减弱。在足够数量周期后（>1000），材料将趋于稳定，包辛格效应也会消失。对这样达到稳定的材料所对应的应力-应变曲线，我们称之为交变的应力-应变曲线，这和"全新的"材料样本所产生的传统的单向曲线有非常大的区别。因此，如果产品加载这类载荷，也应该使用稳定的交变材料曲线来进行应力分析。

C.3.2　弹塑性的三要素

为了理解材料屈服后的行为，必须掌握下面三个要素：

- 屈服准则。
- 硬化规律。
- 流动法则。

1. 屈服准则　屈服准则是指定多向应力相对于塑性流动开始的状态。用户有多种准则可选，而每种适用于不同类型的材料。例如，Tresca 屈服准则假定屈服发生在最大剪切应力（质点低于一般的应力状态）达到单向拉伸试验时屈服发生时的最大剪切应力。von Mises 准则假定屈服发生在变形能（质点

221

低于一般的应力状态）等于单向拉伸试验中开始屈服时的变形能。

2. 硬化规律　硬化规律定义了在塑性流动过程中，加载和卸载对材料的屈服强度的影响，如图 C-10 所示。

如果加载模式发生更改（拉伸或压缩），则必须考虑包辛格效应。SOLIDWORKS Simulation 集成了下面三种硬化规律：

（1）各向同性硬化　该规律忽略包辛格效应并假定在交变加载时，当前屈服点的数值并不会随着加载模式的变化（拉伸/压缩）而发生改变。材料的应变硬化是各向同性的，也就是说，材料的硬化体现了各向同性的特性，如图 C-11 所示。

在 SOLIDWORKS Simulation 中，用户可以通过指定硬化因子 RK 为 0 来表示各向同性硬化。

（2）运动硬化　该规律通常高估了包辛格效应，

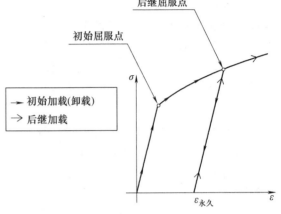

图 C-10　硬化规律

材料的应变硬化呈现非各向同性，也就是说，材料硬化体现了非各向同性的特性，如图 C-12 所示。

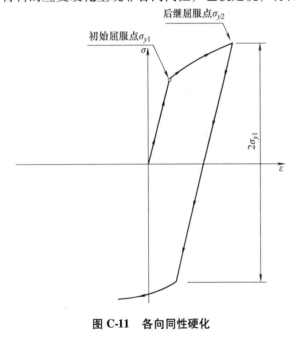

图 C-11　各向同性硬化

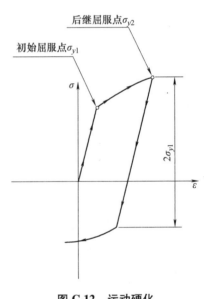

图 C-12　运动硬化

在 SOLIDWORKS Simulation 中，用户可以通过指定硬化因子 RK 为 1 来表示运动硬化。

（3）混合硬化　现实世界中，大多数金属都可以通过组合各向同性硬化和运动硬化规律来描述其特性。部件之间总体塑性应变的关系可以表现这种组合

$$d\varepsilon^p = d\varepsilon^p_{isotropic} + d\varepsilon^p_{kinematic} \tag{C-1}$$

式中，$d\varepsilon^p_{isotropic} = (1 - RK) \times d\varepsilon^p$，$d\varepsilon^p_{kinematic} = RK \times d\varepsilon^p$。

在式（A-1）中，$d\varepsilon^p$ 是总体塑性应变增量，它可以分为各向同性（$d\varepsilon^p_{isotropic}$）部分和运动（$d\varepsilon^p_{kinematic}$）部分。

3. 流动法则　流动法则定义了塑性应变增量、当前应力、屈服后应力增量之间的关系。所有 SOLIDWORKS Simulation 模型都使用一个关联流动法则，其中塑性应变增量都朝着垂直于当前屈服表面的方向。非关联流动作为一个替补法则，也与之并存，而且是很多学者的研究课题。

C.3.3　弹塑性模型的类型

SOLIDWORKS Simulation 包含下列弹塑性模型：

- von Mises。
- Tresca。
- Drucker-Prager。

1. von Mises　von Mises 塑性模型基于下列等效假设：一个质点受到一般应力，当该质点累积的变形能和一个质点在单向拉伸开始屈服时累积的变形能相等时，屈服就会发生。在各向同性材料里，该假设用数学表达式可以表示为

$$\frac{1}{6G}\overline{\sigma}_y^2 = \frac{1}{4G}S_{ij}S_{ij} \tag{C-2}$$

式中，$\overline{\sigma}_y$ 是单向应力-应变曲线对应的当前屈服应力；G 是剪切模量；S_{ij} 是偏应力分量。

其中，表达式的左右两侧分别代表质点在单向开始发生屈服时的偏能量，以及一般应力状态的情况。

 提示　一般应力状态可以通过第二级应力张量 σ_{ij} 表达，它可以分为两个部分

$$\sigma_{ij} = \sigma_{ij}^H + S_{ij} \tag{C-3}$$

式中，σ_{ij}^H 是静水应力张量分量（各个方向应力相等，与物体浸入水中的感觉一样）；S_{ij} 是偏应力张量分量。

按照 von Mises 的假设，可以得出结论：只有 S_{ij} 的分量与材料的屈服有关，也就是说，无论有多大的压力，受到静水压力的物体都不会发生屈服！

将之前偏能量的方程式孤立出 $\overline{\sigma}_y$，得到

$$\overline{\sigma}_y = \sqrt{\frac{3}{2}S_{ij}S_{ij}} = \sigma_{VM} \tag{C-4}$$

式中，σ_{VM} 是 von Mises 应力，表示刚发生屈服时一般应力状态应力分量的组合。

请注意，σ_{VM} 和从单向拉伸试验中得到的 $\overline{\sigma}_y$ 进行对比，而且 σ_{VM} 通常为正值。

SOLIDWORKS Simulation 中 von Mises 模型的一些基本特征如下：

（1）双线性应力-应变曲线　在很多例子中，复杂的应力-应变曲线可以很方便地通过两个线性函数逼近，如图 C-13 所示。

在【材料】对话框中，可以输入 E、ν、E_t 和 σ_y 的数值，如图 C-14 所示。

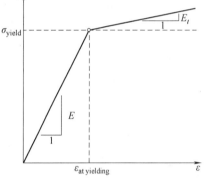

图 C-13　逼近函数

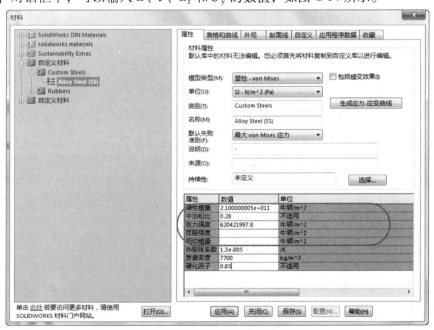

图 C-14　材料参数

（2）多线段应力-应变曲线　完全拉伸的应力-应变曲线也可以输入到表格中，如图 C-15 所示。请注意，表格中第一个点必须是初始屈服点，曲线必须是单调的，而且假定压缩时也是类似的特性。在【属性】选项卡中，直接输入的任何弹性模量和屈服强度都将被忽略。

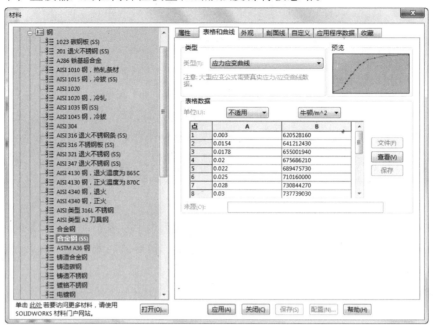

图 C-15　曲线数据

> 提示　SOLIDWORKS 同时提供大应变小应变两种应变塑性公式。对大应变塑性问题，必须给定真实应力与真实（对数的）应变之间的单向应力-应变曲线。

2. Tresca　Tresca 屈服准则假定，在一个简单拉伸试验中和一般应力状态下，当质点的最大剪切应力值达到屈服开始发生时的最大剪切应力时，屈服就会发生。该准则通过数学语言可以表达如下

$$\left(\frac{P_1 - P_3}{2} = \tau_{\max}\right) = \left(\frac{\overline{\sigma}_y}{2} = \overline{\tau}_{\max,y}\right) \qquad (C-5)^{\ominus}$$

式中，P_1 和 P_3 分别代表最大主应力和最小主应力的值；$\tau_{\max}$ 是一般应力状态下的最大剪切应力；$\overline{\sigma}_y$ 是在单向拉伸试验中材料当前的屈服强度；$\overline{\tau}_{\max,y}$ 发生屈服时的最大剪切应力。

$P_1 - P_3$ 的数值一般被作为应力强度，而且可以在 SOLIDWORKS Simulation 中绘制图表。

在现实世界中，大多数金属的屈服强度都可以通过 von Mises 和 Tresca 准则进行预测，Tresca 准则显得更为保守。Tresca 模型的基本特征和 von Mises 模型大部分相同，只是 Tresca 模型不支持大应变塑性公式。

3. Drucker-Prager　Drucker-Prager 模型可以用于模拟颗粒土壤材料的特性，例如砂砾石。该模型只需要两个材料参数进行定义：内摩擦角 $\phi(0° \leq \phi \leq 90°)$ 以及材料的粘合强度 $c(c \geq 0)$。该模型不支持大应变塑性公式，推荐采用牛顿-拉夫森迭代技术。

C.4　镍钛合金模型

镍钛合金是一类独特的材料，也就是我们熟知的记忆金属，该材料的热-弹性马氏体相变是该独特性能的主因。这些属性包含记忆效果、超弹性和高衰减能力。镍钛合金可以经受 20% 的大应变，而在卸载后不会表现出任何永久变形。

$\ominus$　P_1 为 σ_1，P_3 为 σ_3，σ_y 为 σ_s。为与软件保持一致，此处未做改动，请读者注意。——编者注

如图 C-16 所示，材料最初表现为弹性，直到应力水平达到加载过程中的初始屈服应力 σ_s^{t1}。如果继续加载，材料变软并表现出弹塑性，直到达到加载过程中的最终屈服应力 σ_f^{t1}。如果加载超过 σ_f^{t1} 的载荷，则材料会加速硬化。

当载荷卸载时，材料表现为弹性，直到应力水平达到卸载过程中的初始屈服应力 σ_s^{t2}。如果继续卸载，材料表现出弹塑性，直到应力水平达到卸载过程中的最终屈服应力 σ_f^{t2}，而且累积的塑性应变（从加载阶段开始）也消失了。从这一点开始，材料会按弹性模式卸载，直至回到最初的形状，而没有任何永久变形。

类似的现象在压缩部分也可以观察到。

镍钛诺应力-应变图表的数据点是在【材料】对话框的【属性】选项卡中以表格的形式输入的，如图 C-17 所示。

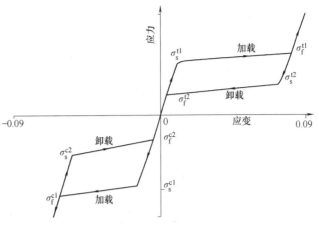

图 C-16　镍钛合金模型的单轴性应力-应变关系

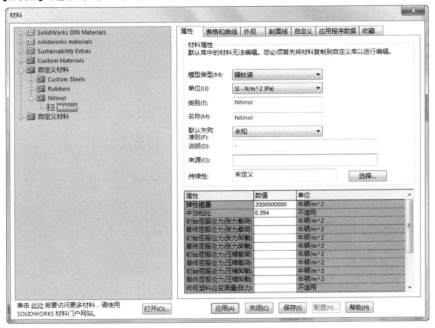

图 C-17　输入材料参数

流动规则　和弹塑性材料的情况一样，当发生软化时，必须介绍屈服准则和主导该现象的流动规则。应力-应变曲线上，我们把加载过程中初始屈服应力和最终屈服应力点之间的区域称为上峰。对应卸载过程中的区域称为下峰。这些峰的形状由流动规则来决定。流动规则的参数 β^{t1}、β^{t2}、β^{c1}、β^{c2} 可以在【属性】选项卡中指定，它们分别控制加载和卸载过程中拉伸和压缩的速度和变形形状，如图 C-18 所示。如果不指定流动规则参数，两个峰都将是线性的。

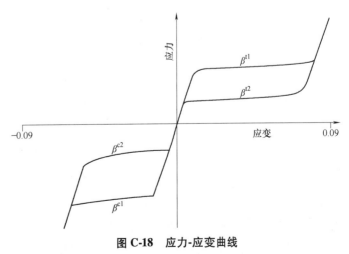

图 C-18　应力-应变曲线

C.5 线性粘弹性模型

目前，讨论的所有弹性模型的一个共同特点是它们的速率具有独立性，也就是说，当移除载荷时，无论加载的速率如何，它们都将沿着在应力-应变曲线上相同的加载路径。

粘弹性材料是不同的，它们的特性取决于加载载荷的速率，使得它们的特性和应变率有关。因此，不同的加载（卸载）速率对应不同的加载（卸载）路径，而最终载荷大小可能是相等的，如图 C-19 所示。这些材料由于具有粘性效应，因此可以消耗机械能。

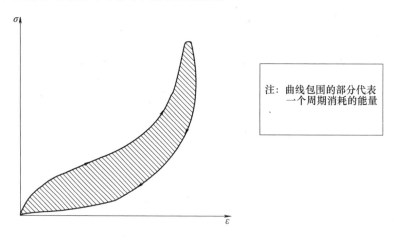

图 C-19　线性粘弹性模型

对多轴应力状态，SOLIDWORKS Simulation 使用下面的本构关系

$$\sigma(t) = \int_0^t 2G(t-\tau)\frac{\mathrm{d}e}{\mathrm{d}\tau}\mathrm{d}\tau + I\int_0^t K(t-\tau)\frac{\mathrm{d}\phi}{\mathrm{d}\tau}(\mathrm{d}\tau) \qquad (\text{C-6})$$

式中，e 和 ϕ 分别是偏应变和体积应变；$G(t-\tau)$ 和 $K(t-\tau)$ 分别是剪切松弛函数和整体松弛函数。

定义材料常量如何随时间变化的松弛函数，可以通过 Generalized Maxwell 模型（广义麦克斯韦模型）表现出来：

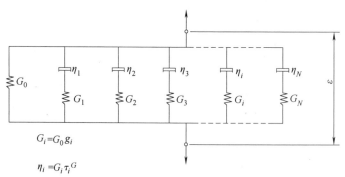

用数学表示为

$$G(t) = G_0\left[1 - \sum_{i=1}^{N_G} g_i\left(1 - \mathrm{e}^{-\left(\frac{t}{\tau_i^G}\right)}\right)\right]$$

$$K(t) = K_0\left[1 - \sum_{i=1}^{N_K} k_i\left(1 - \mathrm{e}^{-\left(\frac{t}{\tau_i^N}\right)}\right)\right] \qquad (\text{C-7})$$

式中，G_0 和 K_0 分别是瞬时剪切模量和瞬时体积模量；g_i 和 k_i 分别是对应时间 τ_i^G 和 τ_i^K 的剪切模量和体积模量。

两个松弛函数都可以直接通过相应的时间曲线输入，用户可以在【材料】对话框中的【表格和曲线】选项卡中输入，如图 C-20 所示。

当然，用户也可以在【材料】对话框中的【属性】选项卡中输入一组离散的点（最多 8 个），如图 C-21 所示。

粘弹性的特性与温度具有很大关系，说明温度效应的一种方法是使用移位函数。在时间 τ 处的松弛函数移位到时间 $\gamma\tau$，其中 γ 为移位函数）。在 SOLIDWORKS Simulation 中，WLF（Wiliams-Landel-Ferry）方程可以作为 γ 的近似函数使用

$$\ln\gamma = \left(\frac{C_1\overline{T}}{C_2 + \overline{T}}\right)\ln(10), \quad \overline{T} = T - T_0 \tag{C-8}$$

式中，T_0 是参考温度（通常为玻璃化转变温度）；C_1 和 C_2 分别是与材料相关的常量。

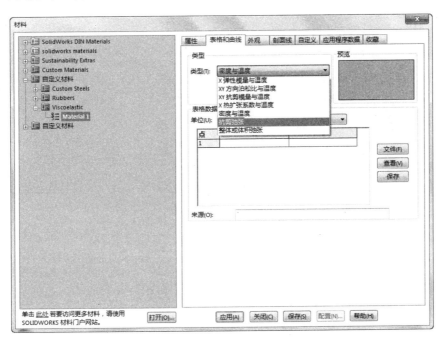

图 C-20　【表格和曲线】选项卡

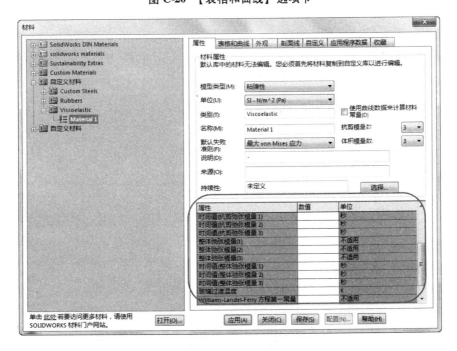

图 C-21　从【属性】选项卡中输入

如果在分析中考虑温度效应，必须在【材料】对话框的【属性】选项卡中指定 T_0、C_1 和 C_2 的值，如图 C-22 所示。

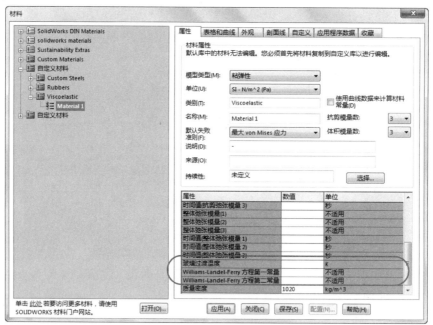

图 C-22　输入参数值

C.6　蠕变模型

蠕变是一种与时间相关的应变，它在一个恒定的应力状态下产生，而且在工程材料中可以观察得到，例如高温下的金属、高分子聚合物以及混凝土。图 C-23 所示为蠕变曲线，显示了应变和时间之间的关系。

总体而言，蠕变可以分为三个阶段。第一阶段（减速蠕变）开始的速率很快，然后随时间逐渐慢下来。第二阶段（恒速蠕变）具有相对恒定的速率，而第三阶段（加速蠕变）的速率又重新增大，并结束在材料断裂时刻 t_R。

蠕变和应力水平、时间和温度的关系密切。幂定律（Bailey-Norton 定律）集成在 SOLIDWORKS Simulation 中，它表达了单向蠕变应变和单向应力 σ、时间 t 和温度 T 之间的关系

$$\varepsilon^c = C_0 \sigma^{(C_1)} t^{C_2} e^{\left(-\frac{C_T}{T}\right)} \qquad (C-9)$$

式中，C_0、C_1（$C_1 > 1$）和 C_2（$0 \le C_2 \le 1$）是与材料相关的蠕变常量；T 是绝对温度（K）；C_T 是定义蠕变温度相关性的材料常量。

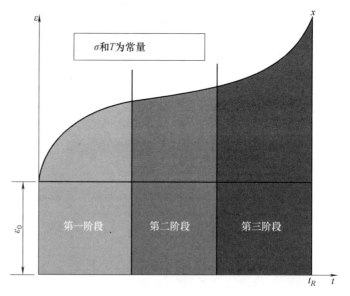

图 C-23　蠕变曲线

请注意，在 SOLIDWORKS Simulation 中使用的蠕变经典幂定律只代表第一和第二蠕变阶段。

为了扩展单向蠕变定律到多向蠕变特性，需作出下列假设：

- 如果单向蠕变应变和应力被等效应变和应力所替代，单向蠕变定律仍然有效。
- 蠕变应变是不可压缩的。
- 材料是各向同性的。

附录 D　非线性 FEA 的数值方法

D.1　概述

求解非线性问题的数值方法可以归为以下三类：

- 增量控制技术。
- 迭代方法。
- 终止规则。

SOLIDWORKS Simulation 为每种方法提供不同的参数选择，本章将回顾这些数值求解方法，并指出如何选择合适的参数。

D.2　增量控制技术

结构力学中的非线性问题可以通过施加的载荷与响应之间的图表进行表示。这个图表也称为平衡路径，因为曲线上的每个点都代表内力（来自响应）和施加载荷之间的平衡状态。非线性问题的结果是通过逐步增加载荷，直到所有载荷施加之后才完成的。每增加一次载荷，SOLIDWORKS Simulation 都会计算满足平衡的适当响应。与载荷增量相对应的求解过程被认为是伪时间步长（或有时作为一个时间步）。描述各种伪时间步长的载荷曲线称为时间曲线，可以由用户自行定制。

D.2.1　力控制方法

力控制方法允许用户根据自定义的时间曲线增加载荷。在 SOLIDWORKS Simulation 中可以指定载荷倍数与伪时间步长之间的图表。任意伪时间步上的载荷增量取决于载荷倍数的插值，然后取载荷倍数与指定载荷的积。SOLIDWORKS Simulation 计算出相对于这个载荷增量的响应，如图 D-1 所示。

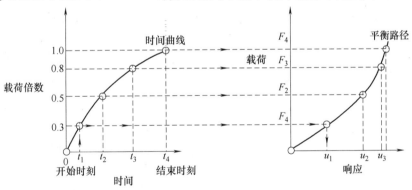

图 D-1　力控制方法

SOLIDWORKS Simulation 为所有载荷指定一条默认的时间曲线，它沿着两个间点渐变，一个点位于 0 时刻，数值为 0，另一个点位于 1s，数值为 1。力控制方法适用于因集中力、压力、规定的位移、热应力和重力而产生的非线性问题。

D.2.2　位移控制方法

根据用户定义的时间曲线，位移控制方法允许用户在一个特定方向的节点处增加位移。SOLIDWORKS Simulation 根据每个时间步长计算载荷倍数。载荷倍数与加载的载荷模式的积为该时间步长的载荷，如图 D-2 所示。

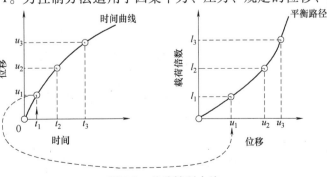

图 D-2　位移控制方法

D. 2. 3　弧长控制方法

通过对平衡方程添加一个约束（辅助）方程的方法指定一个特定参数。从几何角度讲，控制参数可以视作平衡路径的弧长。加载载荷的模式成比例地增加（使用一个集中载荷倍数），以达到控制平衡路径指定长度（弧长）下的平衡。该方法不需要时间曲线，SOLIDWORKS Simulation 会自动计算出弧长，如图 D-3 所示。弧长控制方法通常用于研究结构的屈曲或后屈曲行为。

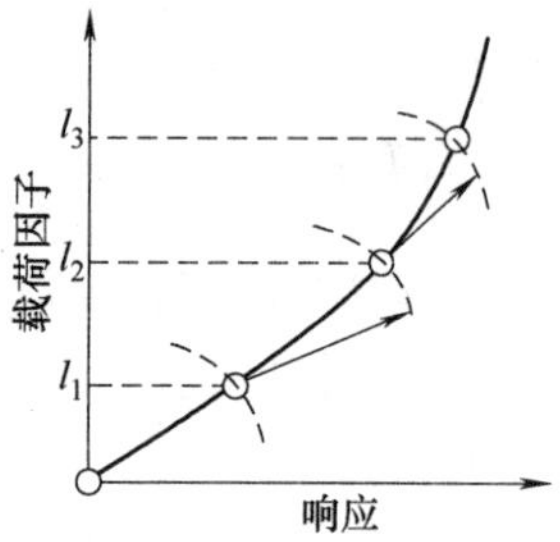

图 D-3　弧长控制方法

D. 3　迭代方法

前文提到，求解非线性静态问题的一组基本方程可以表示为

$$[K(u,F)]\{u\} = \{F(u)\} \qquad (D-1)$$

式中，$[K]$ 为总体刚度矩阵；$\{u\}$ 为响应向量；$\{F\}$ 为外加载荷向量。

请注意总体刚度矩阵响应向量和外加载荷向量，通过使用增量控制技术，式（D-1）在第 n 个时间步长处可以写为

$$[K^{(n)}(u^{(n)}, F^{(n)})]\{u^{(n)}\} = \{F^{(n)}(u^{(n)})\} \qquad (D-2)$$

在式（D-2）中，使用上标（n）代表所有数量都对应伪时间 n 秒。

式（D-2）的求解可以通过下面的迭代方法完成：

步骤 1　对第一个时间步长，预测响应向量等于线性静态分析的响应

$$\{u_0^{(1)}\} = 线性静态分析的位移向量 \qquad (D-3)$$

式中，上标（1）表示它是第一个时间步长，下标（0）表示它是迭代的开始。

步骤 2　基于这个假设，可以计算出总体刚度矩阵，第二个响应向量

$\{u_1^{(1)}\}$ 可以通过求解下面的矩阵方程得出

$$[K_0^{(1)}(u_0^{(1)}, F_0^{(1)})]\{u_1^{(1)}\} = \{F_0^{(1)}(u_0^{(1)})\} \qquad (D-4)$$

同样的，上标（1）表示它是第一个时间步长，下标 0（响应 1）表示它是迭代（第一次迭代响应）的开始。

步骤 3　请注意，上面的响应向量 $\{u_1^{(1)}\}$ 并不满足平衡条件。内力和施加的载荷之间的差值为残差向量

$$\{R_m^{(1)}\} = \{F_m^{(1)}(u_m^{(1)})\} - [K_m^{(1)}(u_m^{(1)}, F_m^{(1)})]\{u_m^{(1)}\} \qquad (D-5)$$

式中，下标 m 为迭代指数，本例中 $m=1$。

步骤 4　为了更正预测的响应向量，可以通过求解下面的方程来计算响应校正 $\{\Delta u_m^{(1)}\}$

$$[K_m^{(1)}]\{\Delta u_m^{(1)}\} = \{R_m^{(1)}\} \qquad (D-6)$$

式中，$[K_m^{(1)}]$ 为第 m 次迭代时第一次增量的切线刚度矩阵，它是在 SOLIDWORKS Simulation 中通过迭代的方式计算的。针对响应向量无限小的改变，切线刚度矩阵表示载荷向量的变化率。

步骤 5　现在对增量计算出新的响应向量

$$\{u_{m+1}^{(1)}\} = \{u_m^{(1)}\} + \{\Delta u_m^{(1)}\} \qquad (D-7)$$

步骤 6　使用响应向量和增加迭代指数 $m+1$，重复执行步骤 3～步骤 5。迭代会一直持续下去，直到残差向量相对于加载的载荷增量非常小时才停止。这样就完成了对第一个时间步的响应计算。

步骤 7　继续增加载荷，对所有的时间步长重复执行步骤 2～步骤 6。

D. 3. 1　牛顿拉夫森（NR）

上面的方程称为牛顿拉夫森方法，其过程可以通过图 D-4 表示。

请注意，切线刚度矩阵 $K_m^{(n)}$ 需要在每个迭代 m 和每个加载步长 n 后重新计算。这是牛顿拉夫森方法的基本特征。

D. 3. 2　修改的牛顿拉夫森（MNR）

在修改的牛顿拉夫森方法（MNR）中，切线刚度矩阵不需要在每次迭代 m 后重新计算。相反，第

一次迭代中计算得到的切线刚度矩阵会在后续迭代中继续使用。只有在逐次迭代中残差向量不减少时，切线刚度矩阵才会"更新"或重新计算。修改的牛顿拉夫森方法也可以通过图 D-5 表示。

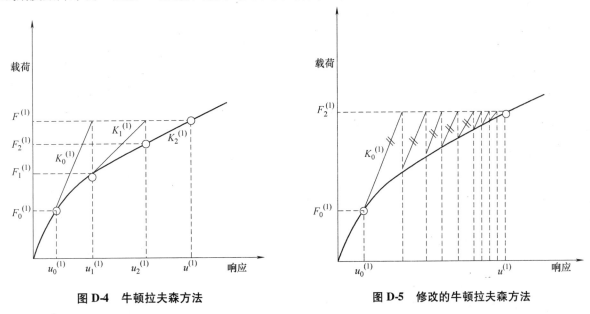

图 D-4　牛顿拉夫森方法　　　　　　　　　图 D-5　修改的牛顿拉夫森方法

当且仅当任意迭代的预测响应接近确切的响应时，牛顿拉夫森（NR）和修改的牛顿拉夫森方法（MNR）就会确保收敛。因此，为了让 NR 方法和 MNR 方法达到适当的收敛，选择合适的载荷增量尺寸至关重要。SOLIDWORKS Simulation 具有一套智能算法，可以根据迭代收敛选择载荷步长的大小，称为自动步进，而且用户可以选择载荷增量的上界和下界。NR 方法比 MNR 方法具有更高的收敛速度。然而，NR 方法的切线刚度矩阵需要在每次迭代中成形和分解。对于大问题而言，这个步骤将非常耗费资源，此时采用 MNR 方法更加有利。

D.4　终止规则

之前介绍的增量控制方法和迭代方法可以在 SOLIDWORKS Simulation 中随意选择。实际上，一种方法的特定选择或数值参数不可能适合所有类型的非线性问题，如果满足下列任一条件，在非线性求解过程中 SOLIDWORKS Simulation 会停止计算：

1. 响应向量满足收敛公差。
2. 达到平衡迭代的最大值。
3. 总体刚度矩阵遇到奇点。
4. 塑性问题中达到了最大应变增量。

附录 E　接　触　分　析

E.1　概述

《SOLIDWORKS® Simulation 基础教程（2016 版）》和《SOLIDWORKS® Simulation 高级教程（2016版)》介绍了结构的基本信息和接触条件的类型。本将回顾某些特征，并重点介绍与非线性分析相关的内容。

E.2　全局接触/间隙条件

非线性分析中的全局接触选项和线性静态模块中的选项相同，更多信息，请参考《SOLIDWORKS®

Simulation 基础教程（2016 版）》。

E.3 局部接触/间隙条件

在【接触/缝隙】下方的【定义相触面组】选项中，可以找到局部接触条件。

在【类型】中，用户可以选择【无穿透】、【接合】、【允许贯通】和【冷缩配合】。勾选【属性】中的【摩擦】复选框可以设置摩擦因数。

在【高级】中，还可以进一步指定【节到节】、【节到曲面】或【曲面到曲面】的接触类型，如图 E-1 所示。

E.3.1 节到节

当使用【节到节】时，在两个相触实体的任何两个对应节点之间都会生成特定的两节点间隙。这类接触用于 3D 接触问题，即通过外力导致实体相互接触到一起。

该原理的主要假设是：事先清楚法向接触力的方向以及接触点的位置，而且其余单元在分析过程中并不发生改变。两节点间隙单元被接触实体的两个节点替代，这样便可以在变形之前，将间隙单元的方向由连接初始位置两个节点的一条直线（图 E-2）来表示，这与法向力的方向一致，即垂直于两个接触实体接触点位置的相切线（面）。

定义间隙单元是用来限制两个节点之间的相对收缩。考虑到这个模型使用的假设，必须使用下列限制条件：

- 接触实体在最初必须处于接触。
- 为了得到更准确的结果，不应该发生滑移或明显的相对运动。

E.3.2 节到曲面

当选用该选项时，特定的一节点间隙单元附着在称为"目标"的接触实体上。它们被用来建立并描述相对于目标的"源"上一定节点的运动。

相对于两节点间隙单元（【节到节】选项），一节点间隙单元（【节到曲面】选项，见图 E-3）的主要优点为：

- 接触力的方向由程序决定，它是基于接触实体的变形来计算的。
- 接触实体上的节点并不需要相互匹配。
- 冷缩配合问题需要假定模型的一部分被强制到一个新的位置，也可以通过这类接触定义来处理。

如果考虑的问题包含多于一组的实体，则必须对每个潜在的接触定义一个单独的相触面组，包含"源"（组 1）和"目标"（组 2）。

E.3.3 曲面到曲面

SOLIDWORKS Simulation 中的"源"（组 1）和"目标"（组 2）实体定义如下：

- "源"项的接触部分是由一系列节点确定的，对这一系列节点应该指定一节点间隙单元。
- "目标"项的接触部分是由一系列接触曲面定义的。
- 两个实体的接触范围仅限于一节点间隙单元定义的区域。当移除小位移的限制时，每个间隙都可以和同一组中任意曲面部分相接触。
- 基于节点的连续性（图 E-4），每个"目标"项的曲面都指定了一个正面和反面。反面就是禁止

图 E-1 指定接触类型

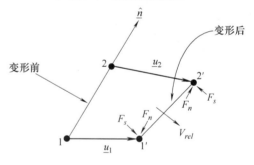

图 E-2 【节到节】选项

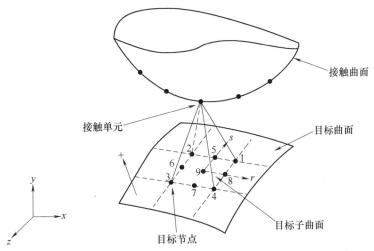

间隙单元进入的位置。

- 一个组里面的曲面必须构成一个连续的整体曲面。
- 一般来说，"源"项应当比"目标"项划分的网格更细密，如果有可能，"目标"项应当是更光滑、更大的曲面。

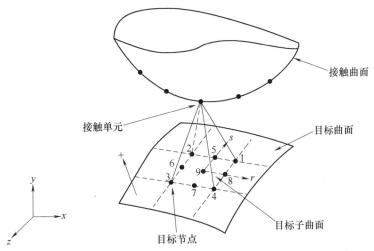

图 E-3 【节到曲面】选项

E.4　诊断间隙（接触）问题

在执行非线性间隙（接触）问题时，下面列出的是通常遇到的问题：

1）在第一个步长程序就中止了，并弹出错误信息："中止，方程式的对角线项…，节点…，方向…是…"（零或负）。这个错误通常表明整个模型或模型的一部分由于不正确的约束处于超不静定状态。需要注意的是，间隙单元并不改变其刚度。如果模型的一部分仅由间隙单元支撑，则该部分可以通过使用软件桁架或其他方法使其保持稳定。

2）程序运行成功，但后处理时显示"源"项中的一部分超越了接触曲面，程序应当被中止才对。这

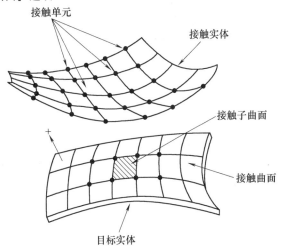

图 E-4 【曲面到曲面】选项

时，请确保变形的比例因子设置为 1。默认情况下，后处理程序中显示的变形形状会呈现一个夸张的变形比例。因此，用户必须手工设置变形的比例因子为 1。

在设置变形的比例因子为 1 后，如果"源"项仍然超出了接触曲面，则可能是间隙单元并没有正确闭合。需要考虑下面两个可能因素：

①间隙曲面的朝向可能不正确，允许间隙单元保持曲面的正面。

②初始位移过大，因此取代间隙单元的位置无法相对于接触表面进行正确比对。当其中一个实体是没有约束的结构时，这种情况经常发生。间隙单元并不更改刚度，也就是说，它们不支持自由移动的结构部分。

3）程序中止并弹出信息："中止，接触面曲有错误定义"。请确保每个目标接触曲面都由连续的子曲面表示。

4）在一些间隙单元闭合的情况下，程序完成了一步或更多步的计算，但最终还是中止了运算，弹出的错误信息有以下几个：

①"中止，方程式的对角线项…，节点…，方向…是零或负…"。

②"中止，间隙单元不满足收敛。"

③"＊＊＊错误：200 次迭代无法达到收敛"或"100 次接触迭代无法达到收敛。"

这些错误基本意味着问题收敛的困难，原因是：

①系统刚度恶化并变为奇异，或由于其他非线性（几何或材料）原因所导致的近似奇异。

②载荷增量太大。

不论哪种情况，减少载荷增量都极有可能解决此问题。然而，如果刚度急剧恶化，则有可能无法保证求解连续性。

如果存在摩擦力，则分析是非保守的（取决于施加载荷的顺序）。因此，载荷必须逐渐加大，这类似于真实的加载历史。

涉及大挠度分析的接触问题，一般需要在可能接触的区域进行网格加密。